U0502802

10 Simple Solutions for Building Self-Esteem:
How to End Self-Doubt, Gain Confidence,
And Create A Positive Self-Image

再见，自卑

克服自我怀疑的十个即时策略

［美］格伦·R. 希拉迪（Glenn R. Schiraldi） 著

骆琛 译

中国科学技术出版社

·北　京·

北京市版权局著作权合同登记　图字：01-2023-1407。

图书在版编目（CIP）数据

再见，自卑：克服自我怀疑的十个即时策略 /（美）
格伦·R. 希拉迪（Glenn R. Schiraldi）著；骆琛译
. —北京：中国科学技术出版社，2023.5
书名原文：10 SIMPLE SOLUTIONS FOR BUILDING
SELF-ESTEEM: HOW TO END SELF-DOUBT, GAIN
CONFIDENCE, AND CREATE A POSITIVE SELF-IMAGE
ISBN 978-7-5236-0142-6

Ⅰ . ①再… Ⅱ . ①格… ②骆… Ⅲ . ①自信心—通俗
读物 Ⅳ . ① B848.4-49

中国国家版本馆 CIP 数据核字（2023）第 051727 号

策划编辑	李　卫	责任编辑	庞冰心
封面设计	创研设	版式设计	蚂蚁设计
责任校对	邓雪梅	责任印制	李晓霖

出　　版	中国科学技术出版社
发　　行	中国科学技术出版社有限公司发行部
地　　址	北京市海淀区中关村南大街 16 号
邮　　编	100081
发行电话	010-62173865
传　　真	010-62173081
网　　址	http://www.cspbooks.com.cn

开　　本	787mm×1092mm　1/32
字　　数	104 千字
印　　张	7.75
版　　次	2023 年 5 月第 1 版
印　　次	2023 年 5 月第 1 次印刷
印　　刷	河北鹏润印刷有限公司
书　　号	ISBN 978-7-5236-0142-6/B·127
定　　价	59.00 元

（凡购买本社图书，如有缺页、倒页、脱页者，本社发行部负责调换）

目录

引言

为什么要建立自尊①？拥有自尊的好处很多，自尊与幸福、心理韧性以及追求卓有成效、健康生活的驱动力密切相关。缺乏自尊的人更有可能承受抑郁、焦虑、暴怒、慢性疼痛、免疫抑制，以及其他种种令人痛苦的身体和心理疾病的折磨。事实上，莫里斯·罗森伯格（Morris Rosenberg）博士是自尊领域首屈一指的研究者。他认为，缺乏一种健康的自我价值感会破坏我们的心理支柱和安全感，没有什么体验会比这更让人有压力。因此，自尊对我们的健康、适应力、生存和幸福感至关重要。

---

① 本文中自尊是指拥有充足、健康的自我价值感。——译者注

1

再见，自卑

　　在马里兰大学任职期间，我开发了一门以技能为基础的训练课程，该课程可以改善自尊缺乏的状况，同时减轻成年人（18~68 岁）的抑郁、焦虑问题和暴怒症状。我们发现，采用这些方法可以改善心理健康状况，这真是个好消息。也许有一天，你会发现这些技能对自己很有益。但是，如果现在你感觉没时间或还没准备好，或者你的现况不允许你开始系统的训练，那么本书正适合你。它提供了一套更简单、快速的提升自尊的方法——愿你能从中获益匪浅。

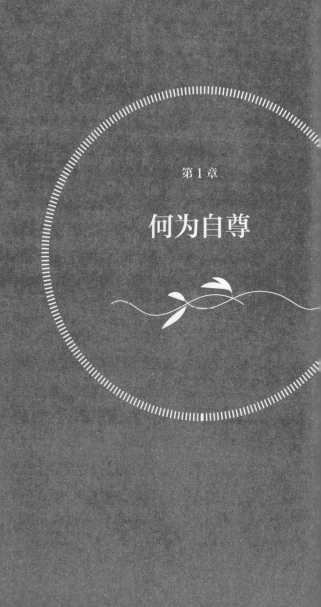

第 1 章

何为自尊

再见，自卑

关于自尊，存在着许多迷思和误解。所以，让我们先弄清楚本书到底是关于什么的。自尊是人对自己的一种实事求是、怀着欣赏态度的看法。实事求是意味着我们要面对真相，准确而诚实地认识到自己的优势、弱点以及介于这二者之间的所有特点。然而，"欣赏"意味着我们对于对方的总体感受是良好的。如果你有一个了解你、珍惜你，认可你的优点多于缺点的朋友，你就会理解什么是欣赏。

健康的自尊是坚信自己既不比别人差，又不高人一等。一方面，我们由衷地接纳自己，并为我们生而为人所拥有的共性——我们的核心价值而感到自豪；另一方面，拥有自尊的我们仍然保持谦逊，知道我们每个人都还有很多东西要学习，且彼此的命运息息相关。我们不必傲慢或自吹自擂，也不必认为自己高人一等，或者比实际上的自己更有能力、更重要。

自尊不同于以自我为中心、自以为是或自私。一个自我感觉完整且有安全感的人会毫不犹豫地展现其无私的一面。罪犯会拥有高自尊吗？我认为这在理论上或许有可能。然而，最近的一项研究发现，好斗、叛逆的孩子更容易受到霸凌，或更容易感到被拒绝、不开心和不被喜爱，且他们心中的自我形象也不及那些攻击性较小的孩子。因此，一定要将外表上的自信和以平静、稳定及内在愉悦为内核的自尊加以区分。

自尊也不是自满或过度自信，后两者都会导致失败。事实上，自尊是努力工作的强大动力。自尊不仅在西方文化中很重要，研究表明，在包括亚洲和中东在内的各种文化中，自尊还与成年人的心理健康和幸福感相关。

自尊的构成要素

自尊建立在三个要素或基石之上。前两个要素——"无条件的价值"和"无条件的爱"，构成了第三个要

素——"成长"的稳固基础。一般来说，一旦前两个要素安全到位，"成长"就会越发迅速（图1-1）。

图 1-1　自尊的三个基石

要素一：无条件的价值

自尊的一个基本前提是，所有人作为个体都有平等、不可估量、不变的核心价值。个体的价值不会因外界因素的影响而增加或减少，比如人们对待你的方式、错误的决定或个人财富的波动。诚然，这不符合生意场或某些社交圈的做法，这些场合会按社会或经济地位来评判个人身价，但人人平等的观念并不新奇，它可以赋予人们力量。即使是非常聪明的人也可能会难以接受这个理念，因为他们一直被灌输的是，人的核心价值会随着个体表现或环境的变化而变化。所以，我觉得下文的比喻有助于解释个人的核心价值。也许，你可以把它想象成一个球形晶体，每个面都折射着美丽的光芒。

图 1-2 中的这颗球形晶体可以看作个人的核心价值。球形晶体的每个面都象征着一种美好生活所需的属

图 1-2　个人的核心价值

性。这些属性包括爱、理性、牺牲、坚持、美化生活，以及感受美和正确抉择的能力。随着个体的发展，晶球的每一面都会得到打磨和完善。

核心价值也可以被比喻成一颗种子。一个刚出生的婴儿就像一颗种子，婴儿已足够完整，在胚胎中就拥有了长大成熟所需要的一切属性。虽然婴儿是完整的，但尚未完善（即不完美或发育不完全的）。

外在价值是指能够改变我们对自身价值的感受，但不会改变我们自身价值的外部事件或环境。某些外在价值或经历可以使一个人伪装或隐藏自己的核心价值，就像乌云或雾霾一般将它笼罩或遮蔽。如果一个人在心理、身体等方面受到了伤害，这些来自他人的伤害会导致个体相信自己存在内在缺陷，即使这个人的核心价值仍然是完整且有价值的。同样，遭遇过性暴力或战争等创伤的人往往会感到内心支离破碎，但他们可以从经过专业训练的创伤心理治疗师那里获得帮助，从而恢复到可以再次感到核心价值的完整，也就是被治愈了。其他外在价值就像阳光一样照亮我们的核心价值，帮助我们在体验这些价值时获得满足感。例如，被爱或成功完成一项重要任务有助于我们更强烈地感受到自己的价值，这种感觉很棒。

然而，外在价值——无论是好是坏——都不是核心价值。如果一个人把自己的核心价值等同于所持有的理财投资组合（外在价值），那么他的自尊就会随着股市的涨跌而波动。在这一章里，我们的目标是学会区分核心价值与外在价值。想象一下，围绕在球形晶体（核心价值）周围的"云"从球形晶体中分离出来并远离它，这代表了核心价值与外在价值相互独立的事实。

外在价值包括一个人的身体状态（外貌、生命力和健康水平），以及经济地位，性别，种族，年龄，职称或家庭（婚姻状态、子女数量、家庭功能），此外还有受欢迎程度、学习成绩、有无过错、情绪、工作或运动

再见，自卑

能力、技能水平和对事情的控制力。当媒体总是暗示如果一个人无权无势、一无长物、长相平凡，那他就没有价值时，我们会很难将核心价值与外在价值区分开来。然而，正如《相约星期二》①中临终的智者给年轻朋友的建议："我们所处的文化并不能让人们自我感觉良好。"所以你要足够坚定地说："如果这种文化对我有害，我就不买它的账。"一旦我们确定每个人的核心价值是平等的，那么我们就不再需要为了建立自我价值而竞争。我们也就不太倾向于评判自己或把自己和别人作比较。简而言之，当我们越相信自己的核心价值，就越会相信自己。

有时候，即使是非常聪明的人也很难区分核心价值

---

① 《相约星期二》（*Tuesdays with Morrie*）是由米克·杰克逊执导的传记片。该片讲述了新闻记者米奇为重拾激情与理想，在每周二聆听莫里教授的最后 14 堂人生哲理课的故事。——译者注

和外在价值。他们会问，当一个人不被别人重视，或者觉得自己一无是处时，他怎么可能有价值。以一个尚无成就的孩子为例，为什么这个孩子对其父母来说如此珍贵？一部分原因是父母选择重视孩子；另一部分原因是每个孩子都与生俱来拥有受我们喜爱的品质（例如能带来天伦之乐）。尽管孩子经验不足且未经磨炼，但他们拥有无限的潜能去爱、去感受、去欢笑，并且要学习知错能改，变得有耐心、有毅力，不断成长，能用无数其他方式让世界变得更美好。我们成年人也可以选择珍惜自己与生俱来的价值和能力。当我们回顾自己的一生时，请记住我们为自己和他人的福祉所做的贡献，无论贡献形式大小，我们都要记住：没有人是毫无价值的。

要素二：无条件的爱

心理学家亚伯拉罕·马斯洛指出，没有爱这个基本核心，就不可能实现心理健康。拥有高自尊的孩子其

再见，自卑

父母往往很懂得如何爱孩子。这些父母很关心孩子的生活，尊重他们，鼓励和支持他们努力达到高标准，并足够关注他们，为他们设置合理的要求。这样培养的好处是，即使是没有经历过这种父母之爱的人，也可以自发学会如何成为好的父母。

爱是什么？我认为爱是：①我们体验到的一种感觉；②一种每时每刻都先为所爱之人着想的态度；③日复一日的决定和承诺（即使我们不喜欢）；④一种习得的技能。如果价值的核心像种子，那么爱就是帮助种子生长的营养素。爱不会创造价值（即使它已经存在了）；然而，爱可以帮助我们体验自己的价值，享受成长的过程。即使我们可能不会一直得到别人的爱，但是可以一直选择爱自己。

每个人都是为爱和被爱而生的。

——特蕾莎修女

要素三：成长

当我们有建设性地生活——做出合理决定、发展出理想的品质，并围绕核心价值自我磨炼时，我们往往会自我感觉更好。

因此，我们可以把构建要素三看作一个完成开花结果或将爱付诸行动的过程。成长是方向和过程，而不是最终目的地。成长不会改变我们的核心价值，但能帮助我们在体验自我核心价值时获得更大的满足感。即使一个人的身体逐渐衰老或虚弱，其内部核心价值也能生长。纳粹集中营幸存者维克多·弗兰克尔（Viktor Frankl）曾说过："即使身体被禁锢，我们也能获得内心的自由。"我们在努力与他人共同进步的过程中成长，在性格和个性的发展中成长，在学会享受健康带来的快乐中成长。

再见，自卑

练习：以终为始的头脑

基于目前我们已经探讨过的一些要点：

自尊是一种固定、相对不可动摇的满足感，它源自认识和欣赏我们现有的价值，然后选择自爱和成长。自尊不是比较和竞争。也就是说，我们并不是通过超越别人来获得价值。相反，我们要学会认识和体验自己的价值。自尊不是自夸，也不是贬低别人。相反，有自尊的人会顾念他人的幸福以及自己的幸福。自尊可以通过坚持不懈的努力来建立，其建立的过程包括清晰地看见价值、爱和成长。

请花些时间思考以下问题：

（1）当你不完美、被伤害或不如别人受欢迎时，你会如何欣赏自己？

（2）多欣赏自己会有什么积极的结果呢？

第 2 章

正念生活

再见，自卑

个人的生活经历和对外界事物的感知会改变我们的自我感受。不过，好的方面是，我们可以学会培养自尊。培养自尊的一个有效方法是尝试关注自己的想法、想象力、感受和行为。请观察一下图 2-1 所示的循环。你认为其中哪一个是干预的最佳起点？

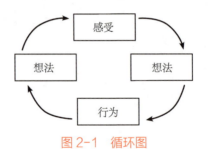

图 2-1　循环图

父母交给孩子一项适合其年龄的任务，比如倒垃圾（行为）。孩子做到之后，会受到表扬，那么他会认为，"我能做到，这个世界是合理的"（想法）。然后，孩子就会自信满满，从而产生更具建设性的想法，比如"我可能会做其他事情并取得成功"。因此，孩子可能会选择学习演奏一种乐器（行为）。这反过来又会导致更具建设性的想法，而这些想法又会带来更多的自信感，这样的循环会以一种增强自尊的方式继续下去。我经常向成年读者展示这个循环图，并问他们："当你试图建立自尊时，你认为从哪一点开始干预最好——是想法、行为，还是感受？"他们通常会回答说："最好从行为和想法层面切入。"这没有错——在一个循环模型中，没有错误的答案。然而，请思考一下：当新生儿的父母哺育婴儿或看着婴儿的眼睛微笑时，是怎样完成心理干预的？他们是在教婴儿如何思考和行动吗？（他们是在说："我爱你，是因为你很聪明，会成为大公司的首席执行官吗？"）还是在从情感层面影响宝宝？这是个有趣的问题。通常，成年人选择从想法和行为入手干预，因为它们看起来更安全、更具体，而且很重要。但我想说的是，内心态度的重要性不亚于甚至超过这两点。

再见，自卑

🔍 一种东方视角：正念

近年来，研究发现，正念冥想可以减轻广泛意义上的医学和心理疾病症状，包括从慢性疼痛到压力、焦虑、抑郁、睡眠障碍和饮食障碍等。正念冥想似乎增强了与快乐和乐观相关的大脑区域活动。正念练习者的内心常常更自信、更冷静，不论外界发生了什么。事实上，正念冥想的效果也确实令人印象深刻，现在正念冥想正被世界各地的学术医学中心、疼痛诊所、医院和学校（包括法学院）传授推广。

正念冥想在 1979 年由马萨诸塞大学医学院的乔·卡巴金（Jon Kabat-Zinn）博士引入西方医学界。正念冥想探索的是思维的工作方式，思考如何能为人们增加快乐、减少痛苦。正念冥想对其他传统是尊重和兼容的，它不会评判一种方法是好是坏。在卡巴金的《多舛的生命》（Full Catastrophe Living）一书的前言中，琼恩·波利森科（Joan Borysenko）博士指出，"正念不仅仅是一种冥想练习，它还在医学和心理方面都对人非常有益。这也是一种生活方式，它揭示了温柔和爱的整体性，这是我们存在的核心，即使是处于充满剧痛和苦难的时刻"。这里提出的正念方法与我们在第 1 章中探索的核心价值概念是一致的。

传统思想教导人们要有两种心：智慧心和平凡心（图 2-2）。

智慧心

平凡心

图 2-2 传统思想中的两种心

再见，自卑

　　智慧心代表我们真正的快乐本性，它近似第 1 章中描述的核心价值那样，是善良、智慧且富有同情心的。它希望别人和自己一样快乐（这就是它快乐的原因），它很幽默，充满期盼，是和平、单纯、和谐的。智慧心的特质是有自尊和尊严，但也保持谦逊，可以认识到所有人都拥有智慧。然而，平凡心像乌云一样笼罩着智慧心，使我们不知道自己真正的快乐本性，并造成了许多痛苦。

　　平凡心总是纠结于各种纷乱奔涌的想法和令人不安的负面情绪。当我们说："我被愤怒（或忧虑）弄得心烦意乱"时，意思就是我们陷入了平凡心之中，远离了智慧心。正念冥想教导我们如何从这些散乱的想法和痛苦的感觉中解脱出来，在智慧心的宁静圆满中安住。

　　幼儿似乎从不感到自我厌恶。然而，随着年龄的增长，我们学会了无休止地思考、判断、比较、批评、担心、责备、纠结于错误评价，并与生活本来的样子做斗争。我们要求生活或我们自己与众不同，当没有得到自认为必须拥有的东西时，我们就会生气。我们害怕失去已经拥有的东西，当我们失去了自认为想要快乐就不可或缺的东西时，就会感到悲伤。正念教导人们如何放下让自己不快乐的那些平凡心的执着，以及如何在智慧心中安住。经过一番沉淀，曾经搅浑的水也能变得很澄净。同样地，当我们让自己的思想安定下来，我们就能再次看清楚（后续章节将介绍能帮我们做到这一点的冥想方法）。

在正念冥想中，心态非常重要。事实上，在许多亚洲语言中，"思想"和"心"是同一个词。在早期传授正念方法时，乔·卡巴金介绍了正念的态度。然而，或许我们可以把它看作"发自内心"的态度，以提醒自己心态比头脑里的胡思乱想更深刻，并且能够通过躯体感觉体验到这一点。让我们一起探索它们，因为这体现了自尊培养的情感目标，并形成了我们旅程的情感基础。

再见，自卑

真诚的态度

　　十种真诚的态度改编自乔·卡巴金的作品，它提出了一种不同的生活方式——一种让我们和世界联系的新方式。

　　（1）耐心。 成长需要很长时间，当我们种下一颗番茄种子时，我们不会踩踏它，也不会大声地批评它不是番茄；而是温柔地把它播种在肥沃的土壤里，并确保它得到充足的水和阳光。

　　当新芽从土壤中冒出来时，我们会说："哦，天哪，它长出来了！"之后我们继续培育这棵植物，并在这个过程中获得满足。耐心就是对成长过程的信任和永不放弃，不要提出令人愤怒的要求和期望，也不要担心种子不能正常生长。我们通常无法预见自己的努力将在何时、以何种方式取得成果。德国有句谚语：耐心是一株很苦的植物，但果实却很甜美。或者，正如另一句谚语：没有经历过黑夜，就不会知道白天有多么光明灿烂。

（2）**接纳**。接纳意为接受、采纳。那么，接受就是把善与恶、苦与乐都视为生命的一部分，并以完全的觉知清楚地看待它们，体验生命而不与之斗争，不必坚持认为事情会有不同，也不必立即试图改变、消除或摆脱当前的痛苦。即使我们不确定该做什么，也可以冷静地观察，"现在的情况到底怎么样"。一旦我们能够准确地认清形势，就可以自主决定怎么做——是采取建设性的行动，还是任凭形势发展而不加以反抗。

当我们在家接待客人时，我们对他们的迎接就像他们迎接我们的到来一样愉快。当我们接纳自己时，也会以同样欢迎的态度体验自我。我们能意识到自己的弱点，也许还会下定决心去改进，这样我们就能体验到更大的快乐。我们也认识到自己不完美，不可能要求自己马上变得完美，所以我们接受现在的自己。我们可以为

再见，自卑

孩子这样做，也可以学着为自己这样做。正如心理学家卡尔·罗杰斯（Carl Rogers）所观察到的，"这个奇怪的悖论就是，当我接受自己本来的样子时，我就可以改变"。

接纳一词的含义比自我接纳更广泛，它意味着我们也认可世界的本来面目。也就是说，我们接受所有的情况和由此产生的各种感觉——尴尬、恐惧、羞耻、拒绝、悲伤、失望等，并允许它们顺其自然。在放下对负面情绪的厌恶之后，我们就变得不再害怕去充分感受那些情绪。我们要面对它们，而不是躲避。我们知道情绪会来了又去，就会平静而耐心地看着它们以自己的节奏涨落起伏，并对自己说："不论我的感受是什么，都没关系，这是很正常的感受。"

接纳并不意味着被动、顺从或自满。它只是意味着看到事物的本来面目。当行动的决定变得明确时，我们也可以带着接纳的态度去行动，而不会有冲动、抗拒之类的行为。矛盾的是，当我们松开想要死死抓紧控制权的双手时，反而会获得一种更强的内在控制感（"即使情况没有改善，我也会没事"）。我们对自己管理强烈情绪的能力会更有信心。

当我们经历疼痛或不适时，本能反应是试图避免疼痛或做一些事情来缓解疼痛的感觉。例如，如果邻居的收音机音量太大而引起自己不适，我们可能会开车出门躲避噪声，或者让邻居把音量调低。然而，对于内心的痛苦，这种方法往往适得其反。例如，一个害怕自己恐慌症发作的人会越发紧张，并试图对抗恐慌，这会使得恐慌症状更强烈，发作持续时间更长。更好的方法是放松，让恐慌自然过去。同样，经历过创伤事件的人可能会徒劳地试图摆脱创伤记忆。一些心理医生的建议是，最好是面对并处理这些创伤记忆。如果有人正经历慢性疼痛，最糟糕的做法之一就是紧张地对抗它。学会面对疼痛，像观察者一样任其自由来去，往往有助于减

再见，自卑

轻疼痛。紧张、畏缩、振作，或者希望事情不是原来的样子，都会强化"战斗或逃跑"反应，反而会加剧痛苦。若是试图逃避、用药物麻醉自己、购物、看电视，或使用其他方式逃避，只会导致痛苦以更高的强度反扑。同样地，留意我们的缺陷和消极情绪，并在心中全然接纳它们，富有同情心的态度会改变我们对待痛苦的方式。

（3）同情心。也许这是最重要的态度，同情是为他人的痛苦而感到悲伤，以及试图帮助他人的意愿。它与爱或仁爱紧密相连。仁爱是一种对人类普遍的或无差别的爱，考虑到所有人的价值和需求。

下面是一则关于同情心的故事，这个故事讲述了两个男孩行走在一条乡间道路上。他们在路边看到一件旧外套和一双破旧的男鞋，鞋子的主人在远处的田里干活。弟弟建议把鞋子藏起来，躲在一边偷看主人回来找鞋时着急的样子。大一点的男孩是个仁慈的孩子，他认为这样做不太好，还说鞋的主人一定是个很穷的人。经过一番讨论，他们决定做另一个实验。他们没有把鞋藏起来，而是在每只鞋里放一枚银币，然后躲起来，看主人发现钱之后作何反应。

没过多久，农民从田野里回来，穿上外套，一只脚刚塞进鞋里，就感到里面有个硬物，拿出来一看，发现是一枚银币。他露出了一脸的惊奇和疑惑，一遍又一遍地看着那枚硬币，转了一圈四下张望，没发现任何人。然后他穿上另一只鞋，令他大吃一惊的是，又发现了一枚银币。抑制不住情绪的他跪下来，大声祈祷感恩，他在祷告中说到自己患病又无助的妻子和忍饥挨饿的孩子们。在为他的恩人祈福之后，这位农民离开了。两个男孩继续前行，为他们的同情心所带来的美好感受而高兴。

弗兰克·罗宾逊（Frank Robinson）是一位才华横溢的球员，曾被国家棒球名人堂授予荣誉，后来成为

再见，自卑

一名受人尊敬的大联盟球队教练。在最近[①]的一局比赛中，他不得不撤换掉队里的第三弦捕手。因为捕手出现两次失误，并七次失分。最后罗宾逊的球队赢得了比赛，那位捕手大方表示接受："如果是我爸爸指挥球队，我相信他也会做同样的决定。"然而，在赛后的新闻发布会上，罗宾逊泪流满面地说："我非常理解他的感受，也很感谢他的恪尽职守，这并不是他的错。我们知道他的弱点，对手今天利用了它。但为了俱乐部的利益，我不得不这么做。"罗宾逊展示出了非凡的同情心。

每个人生来就是为了爱与被爱。爱可以治愈伤口，滋养成长。我们钦佩那些表现出同情心的人，他们既能通过给予也能通过接受来体验它的美好。因此，在我们努力培养同情心的过程中，我们形成了对所有人（包括我们自己）同情的意图——在人们挣扎时体验仁爱，

---

① 指本书写作时，即 2007 年。——编者注

在努力战胜苦难时主动提供帮助。

（4）**不评判**。一个孩子在年幼时会无拘无束地玩耍。但后来，孩子学会了评价和判断。你有没有留意过我们成年人进行评判有多频繁？我们会说，"我不擅长这个""我很愚蠢""我不如玛丽""为什么我不能比现在更好""为什么我的自尊心这么弱""我很差劲""我应该进步得更快""我不如以前那么好""我不喜欢现在的我""我永远不会好起来""如果我没有升职怎么办""恐惧的感觉太糟了""我不应该感到难过"。但是哪个效果更好，胡萝卜还是大棒？言论是否等于有效激励？还是仁爱和鼓励更有效？一个自卑的人会更加感到难以重新站起来。正如一位网球教练所说："有时你只需要停止那些阻碍你的消极想法和判断，只想着'反弹、击中'。"要观察会发生什么，不要评判自己。我们不必做出导致强烈负面情绪的严厉、惩罚性评判，我们要意识到强烈负面情绪是对特定情境的过度反应，这是

再见，自卑

很容易做到的。我们只需留意正在发生的事情，并尽可能地做出反应。如果你注意到你在评判自己或自己的表现，请不要评判这个行为本身。感谢你的平凡心在试图帮助你提高核心价值，然后平静地让自己的注意力回到当下正在做的事情上就好。

（5）**无执念。**智者曾说，执着是不快乐的根源。因此，如果我坚持要拥有某品牌的汽车才能快乐，那么得不到它，我可能就会难过。如果我得到了那辆车，又可能会为它受损坏而担忧。又或者，如果它被划伤或被盗，我可能会生气。同样，如果我执着于自身形象，我的自尊可能会随着年龄的增长或体重的增加而降低。所以，我们可以练习放下对所求的执着，以获得幸福和自尊，相信我们已经拥有获得这两者所需的一切。这并不是说欣赏和照顾自己的身体不重要——只是说外在（金钱、认可、外表、角色等）评价不是自尊或幸福的源泉。

在印度和非洲地区，人们将填满食物的椰子挂在绳子上来诱捕猴子。椰子上有一个足够大的洞，让猴子可以把爪子伸进去。一旦猴子紧紧抓住椰壳里面的香蕉或果肉，拳头就会无法从洞中抽出来。于是，不肯松开爪子的猴子就会被人类轻易捕获。在汤加，章鱼是渔民餐桌上的美味佳肴。渔民在独木舟上悬挂了一个由石头和贝壳制成的简单诱饵，它被称为"马卡飞奇"（maka-feke）。当章鱼爬上来紧紧缠住这个诱饵时，渔民就会趁机将它拉上渔船。这两个事例反映出来的问题都是执着。各式各样的冥想都在教我们放下，放下那些阻止我们体验幸福的执念，放松地进入我们的智慧心中，我们获取幸福的能力就在那里。值得寻味的是，当我们放下对外在的追求且不再费力去改变自己的本质时，反而会更加懂得欣赏自己。

（6）初学者心态。 专家心态是不愿意接受新知识和新体验的，而初学者对新体验的心态是开放的。你需

再见，自卑

要以一种开放的心态来掌握本书所介绍的要领和技能，就像是第一次体验新鲜事物的孩童，不抱太多的预期或假设。请不要预先假设体验自我的方式不会改变，请试着在一种健康的怀疑主义和有趣的开放之间取得平衡，以期尝试新事物。

（7）**幽默风趣**。对自己的现状过分严肃且对生活过于认真的倾向，与许多精神疾病的形成机理有关联。有时我们不得不自嘲，因为每个人都会做出可笑的事。而生活中最大的挑战之一就是学会享受生活。当你尝试这本书中的技巧时，请尽量保留愉悦的心灵感受。

（8）**承诺**。在一段充满爱的关系中，人们承诺致力于这种关系的发展。我们会产生一种意愿（例如"愿我们快乐"），并寻找促进关系延续的方法。在建立自尊时，我们也要创造一个这样的愿景。承诺意味着我们会练习必要的技能，即使我们还不想行动。

（9）**胸怀宽广**。智慧心是广阔、深沉的，它的宽广足以平静地容纳任何想法和感受。当我们安住于智慧心时，就好像身处平和、宁静的海洋深处。从好的方面看，我们可以冷静而富有同情心地观察那些不愉快的想法和感受，仿佛它们是从海面升起的海浪，然后被广阔的海洋吸收。这种态度有助于我们冷静地觉知，而不会被卷入对自己或所处情境的有害判断中。

（10）慷慨。尽管慷慨是最重要的心态之一，但西方文化已不再重视它，人们似乎越来越倾向于获取和囤积物质财富。慷慨之心来自自我价值感，明白给予他人的重要性，而非出于证明自我价值的需要。给予可以非常简单——一个微笑、专注、耐心、让人们成为他们本来的样子（一份源自接纳的馈赠）、礼貌、伸出援助之手、鼓励、食物或金钱——只要不会给自己带来不必要的困难，尽我所能地给予他人。这和自尊有什么关系呢？要知道，慷慨会产生许多无形的好处。我们看到受助者脸上的喜悦，这会让我们也感到喜悦，并与他人建

再见，自卑

立联系。给予帮助我们放下执着，我们在给予之后才意识到自己是真正的完整，此时我们的体内已经拥有幸福的种子。我们可以认为布施是练习放开紧握的拳头，放下那些虚幻的或是与幸福无关的东西。

给予也会以其他方式为我们赋能。有时我们会回避那些处境艰难的人，担心自己可能会被他们的痛苦感染甚至拖累，这种做法将我们和给予、爱的喜悦隔绝开来。当我们以一颗柔软、开放、不加评判的心给予时，我们会看到所有人都是相连的。我们都因相似的原因而受苦，但我们的胸怀足够宽广，能够以平静和仁慈来包容苦难。

练习：真诚态度的运用

专门准备一个笔记本，在里面描述你遇到的

———

自尊问题，然后，描述你如何使用这十种真诚态度中的全部或其中几种来解决这个问题。回想自己曾在生活中体验或目睹这些态度的时刻可能会有所帮助。例如，你能否回忆起某个你对自己有耐心的时刻，或是某人对你或他们自己有耐心的时刻？

第 3 章

消除负面想法

再见，自卑

自尊使我们能够准确且愉快地体验自我。那么是什么在阻碍我们？不合理的消极想法像暴风雨后的残云一般包围遮掩了核心价值。认知疗法是心理学的一个分支，它帮助人们识别、挑战并取代这些消极想法。大量研究发现，这种方法被认为是治疗抑郁、焦虑和暴躁易怒的主流方法、手段。因为自尊与这些情绪状况密切相关，认知疗法对建立自尊也非常有用。亚伦·贝克（Aaron Beck，1976）和阿尔伯特·埃利斯（Albert Ellis，1975）开创了同类方法来帮助人们重塑思维习惯。他们的疗法把想法影响情绪的方式描述为：

挫折→想法→情绪

逆境代表令人痛苦的事件或情境。例如，让我们假设宝拉和丽莎从小经常受到父亲的虐待。出于对虐待（逆境）的反应，宝拉认为，"我受到了如此恶劣的对待，肯定是因为我一文不值"。因此，她感到沮丧，并体验到了自我厌恶（情绪）。丽莎则以不同的想法来回应同样的虐待。她告诉自己，"父亲可能把我当作垃圾，但那不是真正的我"。她会因为受虐待而感到难过，但还是保持了自尊和乐观。我们在情绪层面上是感到适度的不愉快还是极度困扰，取决于我们自己选择的想法。

认知疗法认为，影响我们情绪的想法在我们的头脑中产生得如此迅速，以至于我们几乎注意不到它们，更不用说停下来检验它们的合理性。贝克博士把这些想法称为"自动思维"（ATs）。自动思维的消极倾向是不合理的，因为它是批判性的、不友善的、不符合实际的想法，让我们对自己感到不满和不舒服——这叫作"扭曲思维"。认知疗法假设人们有很强的理性思考能力。然而，因为我们是不完美的，我们可能会从收到的错误数据中得出错误的结论。例如，想想孩子们在了解科学事实之前认为婴儿是从何而来的。他们可能会认为婴儿是

再见，自卑

被传说中的鹳鸟叼来的、是医院派发的，或是从母亲的胃里长出来的。当他们得知婴儿出生的真相之后，思维才会变得更加合理。在前面的例子中，宝拉相信了父亲说她一文不值的说法，并不是因为这是真的，而是因为她没有质疑这一说法。认知疗法认定，人们可以快速有效地学会识别自己的思维模式，挑战它们，然后用更合理的想法取代扭曲思维。当人们这样做的时候，就在一定程度上同时掌控住了自身的想法和情绪。

我们的思维模式无论是否合理，都会受到许多因素的影响。例如，我们所经历的事件可以影响我们的想法。因此，受到虐待的人可能会想，"我被当作一个发泄对象，所以我一定只是个发泄对象"。个体所处的社会环境，包括媒体舆论、朋友和家人，都会影响我们的思考方式。例如，如果父亲在得知女儿遭到性暴力之后给她一个拥抱并简短地说："那一定很令人难过。"那她或许能感觉好一些；如果他评判女儿或质疑她的行为动机，那她的感受一定会非常不同。同样，士兵的情绪和自尊也会受到他们从战场归来后所获支持的影响。我们的身体状况——健康状况、睡眠质量、营养和习惯——也会影响我们清晰思考的能力。最后，我们的应对技巧和行为模式会影响我们的思维。本书之后的章节将讨论这些影响我们想法的因素。

尽管经历会影响我们的思维，但认知疗法的一个基本假设是，我们最终要对自己选择的想法负责。我们无法控制别人对待我们的方式，但我们完全可以自由控制自己的想法。当然，这种假设并不是在指责缺乏自尊的人。相反，我们可以通过塑造自己的想法来培养自尊，并避免将当前的自身感受归咎于他人——意识到这一点将赋予我们力量。

扭曲思维

那么，让我们先探讨一下扭曲思维的基本类型，以

再见，自卑

及如何修正它们。因为扭曲思维可归结为有限的种类，只要你能识别它们并找到相应的替代想法，就可以防止自己陷入常见的思维陷阱。通过练习，你将学会迅速且不费吹灰之力地替换扭曲思维的方法，这会是当你处于压力情境时经常需要的技能。

两极化思维

在两极化思维引导下，你要求自己达到完美或接近完美的标准。如果你不能彻底克服一切障碍，就会断定自己一文不值。在评价努力的成果时，不存在中间或部分完成状态。例如，一位聪明可爱的学生曾经告诉我，他正为一项创造性的写作任务感到非常困扰。一想到评分可能达不到 A，他就感到沮丧，甚至生无可恋。最终，他意识到这是一种扭曲思维。"在我的观念中，如果没有达到既定目标，那我就不配活下去。"他这样告诉我。我问他："这种认为'人不完美就毫无价值'的说法是从哪儿来的呢？"他想了想，说道："这还是第一次有人告诉我，我不必完美也能有价值。"一旦没能挣得高薪、在辩论中失利或犯错误，有的人就可能会质疑自己的价值。如果你必须评判，请试着只评判表现，而不评判核心价值。你可以这样对自己说："我在这项任务上挣了 800 分，这已经很好了。下次我还会尝试一些不同的方法。"

标签化

你有没有注意到人们经常粗暴地给自己贴标签？"我很笨""我真是个失败者""我好无聊""真是个傻瓜！我怎么这么傻"（请注意，最后这句话与其说是在提问，不如说实际上是在表达怨恨。这样表达的人更容易感到抑郁，因为他们总是感到困顿且无能为力）。你可能会问，如果这种不友善的评判确实可以像鼓励一样起到激励作用呢？另外，你可能会想："失败者永远不会赢，为什么还要尝试呢？"这就是为什么负面标签是不合理的。当你说"我很愚蠢（或呆笨、无聊）"时，

再见，自卑

你表达的意思是你在任何情况下都很愚蠢？这显然是不对的。例如，哈佛大学的霍华德·加德纳（Howard Gardner）指出，智力有不同的展现方式。有些人可能会通过数学或语言技巧来展示他们的智慧。其他人可能通过情商技能、人际交往技能，以及音乐、艺术（或瑜伽），甚至身体技能（如运动、舞蹈）来展示智力。"贴负面标签"的解决方法是什么？那就是，如果你必须评判，请仅评判行为（例如，"我今天在这方面做得不太好"）。自我核心价值太复杂，无法用简单的标签来描述。

以偏概全

如果让一个悲观主义者或自卑者解释自己为什么会和配偶发生争执，他可能会说"我这人不太会变通"（给自己贴上标签）。他还可能会认为"我总是搞砸关系""我从来没有把关系处好过"，这些想法真是雪上加霜。然而，如果他的想法是"我（又或是'我们'）还没有学会如何冷静地处理这个棘手的话题", 就减少了评判, 也更准确。除了使用"总是"和"从不", 人们在以偏概全时还倾向于使用"没人"和"每个人"这样的词。 罗德尼·丹格菲尔德(Rodney Dangerfield)曾打趣说, 他的精神科医生对他说过: "别犯傻。没人讨厌你, 甚至没人认识你。"以偏概全的解药是使用"有些"这个词。通常更准确的说法是, "有些时候我做得很好。有些人喜欢我, 至少在某种程度上是这样"。

假设

"是的,"你可能会说, "但我知道那个服务员不喜欢我。看他这是什么态度! "这可能是一种被称为"读心术"的扭曲思维。那位服务员可能喜欢你, 也可能不喜欢你。他可能只是恰好因为 20 分钟或 20 年前发生在他身上的事情生气。他也可能是对你的举止感到厌烦, 但他可能并不讨厌你。所以他不喜欢你只是各种可能之一。除非你能验证一下, 否则不会知道他是否真的有这

再见，自卑

种感觉。在另一个示例中，假设你应邀参加社区聚会，你可能会认为，如果出席聚会，所有人都会不喜欢你，于是你将度过一段难挨的时光。这就是一种被称为预言或预测未来的扭曲思维。事实上，有些人可能喜欢你，有些人可能不喜欢你，有些人可能几乎没有注意到你。你可以带着开放或初学者的心态去参加聚会，然后观察会发生什么。有时也会有好事发生。

情绪性推理

你还记得哪位老师让你感觉自己很笨吗？现在，当你面对一个充满挑战的新情境时，你是否仍然感觉自己能力不足，从而认为自己真的不够格？又或许你曾经做了一个不明智的决定，并因此感到羞愧，以至于认为自己一文不值。这种自动将感受与现实等同起来的行为称为情绪性推理。我们可以敞开心扉并接受感受，但我们也要认识到感受并不一定代表现实。要提醒自己，负面感受是不安情绪的信号，而不是事实陈述。要挑战情绪背后的想法，问自己"一无是处""毫无价值"或"糟糕透顶"是什么样子，以帮助你避免两极化的想法。

选择性消极关注

假设你有一座美丽的花园。其中有一棵植物长势不好，于是你只关注那棵生病的植物，很快就忘了去留意其他美丽的植被。同样，你可能会纠结于某个错误或缺点，以至于毁了你的自尊，甚至毁了你的生活。你没有留意到一切已经存在的美好事物和所有你创造的价值。当你照镜子时，你有没有意识到哪里不对劲？或者你留意到了自身优点——你的整体形象、你的微笑，等等？当你发现自己陷入自身或生活中的问题时，你可能会想："好吧，也许这是我要改进的地方。与此同时，还发生了什么事情？已经达成了哪些进展？除了我的缺点，朋友还会注意到什么？"一个人曾对他的邻居调侃道："你为什么这么开心？明明你的生活和我的一样糟

再见，自卑

糕。"也许快乐的人正把时间花在留意全局并欣赏好的方面。

拒绝积极

沉浸于负面信息会使人忽略正面，实际上这种扭曲会全盘否定正面。想象一下，当有人称赞你做得很好时，你说："没什么大不了的。"然而，如果你向对方致谢并认为："我真为自己清楚该做什么且做好了而高兴。"这样一来，你既认可了赞美者，又认可了自己。

进行不利比较

发挥自我，培养自己的才华，并实现与爱好、崇高追求等相关的目标是多么令人满足。把我们尊重且钦佩的人作为榜样可以激励我们，并给我们展现了各种可能性。然而，当我们开始将自己与他人进行比较时，问题就出现了。现在激励变成了评判："我没有韦恩聪明。""桑德拉的高尔夫球打得比我好。""约翰比我受欢迎多了。""我希望能像兰迪一样成功——她是一位聪明的经理，而我只是一名推销员。"在这些情况下，我们都只看到自己的短板，自尊心就会受损。

纠正这种思维扭曲的方法就是停止比较，并认识到每个人都要以自己独特的方式和步调做出成就。我会问我的学生："外科医生和全科家庭医生相比，哪个更重要？"他们可能会回答："外科医生能治疗危重症，但全科医生能防止重症的发生。""谁更有价值，是外科医生还是理疗师？"我问。"嗯，外科医生可以挽救生命，但理疗师能重新恢复身体功能和希望。"他们回答。当我们考虑谁对国民的健康更重要，是医生还是垃圾收集者时，我们会很快意识到，人们的贡献方式截然不同。为什么我们一定要比较和评判？当我们退后一步去纵观全局时，就会看到每个人都有不同的优点和缺点。此外，当我们把自己和成功的光辉榜样们作比较时，要同时记住，每个人，甚至是专家，都会在某些领域感到前行艰难。

再见，自卑

应该和必须

许多"应该"是我们对自己提出的完美主义的严苛要求，也许是希望这样的自我要求能帮助自己克服由不完美引起的不适。包括"我不应该犯错误""我应该知道得更多""我应该做得更好""我不能失败"和"我必须是一个完美的老板（或配偶、孩子）"。这些要求带有惩罚和责骂的性质。尽管我们希望这些要求能激励自己做得更好，但它们通常只会让我们感觉更糟。例如，当你告诉自己必须表现完美，而你却没做到时，你会有什么感觉？事实上，研究表明，当我们努力做好一项工作，但不要求自己做到完美时，往往会表现得更好，这是因为尽力而为的心态不那么令人紧张。

如果你没有完美地实现自认为必须或应该实现的目标，这意味着什么？这是否意味着你毫无价值，或者仅仅是不完美？也许唯一合理的"应该"就是告诉我们，鉴于自己不完美的背景、经验、技能水平和理解力，我们应该做自己就好。有人会说，促使人们更友善、更有效率的方法是用"将""可能""想要""选择"和"更喜欢"的陈述来代替"应该"。因此，我们不说"我应该""我应当"或"我必须"，我们会说"我想要提高"或"我选择努力工作""我非常想赢得比赛""我想成为一名慈爱的家长""如果能实现这个目标，那就太棒了"；或者"我想知道我怎样才能改进，需要做什么"？但请注意，我们可能很难完全丢掉"应该"式的断言。放弃"应该"并不意味着放弃你所珍视的价值观，比如努力工作或尽力而为——意识到这些通常会对我们有所帮助。它只是让我们自由地以一种更愉快、更少批判、更有效率的方式去达成目标。

灾难化

当我们陷入灾难化时，会认为那些让自己不舒服的事情（比如尴尬或害怕失败）是无法忍受的、毁灭性的、无法承受的和可怕的。例如，我们可能会认为，

再见，自卑

"我永远不会上台演讲。我可能会不小心绊倒，人们会嘲笑我。那太可怕了"；或者"如果我被拒绝了，那就太可怕了"；又或者"我无法忍受老板对我的批评"。这样的言论增加了我们的恐惧，让我们提高了警觉，削弱了信心。我们可能会紧张起来，从而导致实际表现不如自己的能力。我们甚至可能开始回避具有挑战性的情境，从而剥夺了自己控制恐惧并增强自尊的机会。

灾难化通常始于一种令人恐惧的可能性（比如"我可能会失败"），这会导致消极的结论（"我可能会失败，我会让人们愤怒和失望"），并导致最坏的预期（"这太可怕了，没有什么比这更糟糕的了"）。在现实生活中，当我们停止灾难化时，会变得更加冷静，思维更清晰。我们知道，自己确实可以承受逆境，尽管可能会感到不便或不舒服。"好吧，我不喜欢这样，但我确实可以承受""情况可能会更糟，但我不至于被枪毙，都会过去的""我真的能挺过去"——这些都是对灾难化的挑战。有了这些替代性想法，我们就能学会以一种平静且全然接纳的姿态直面恐惧，而不是躲避它。这样做，我们会变得更加自信。

个人化

个人化是指你把问题都归咎于自身，但实际上并非你的责任或与你无关。例如，性暴力案件受害者通常认为被侵犯是自己的过错，而不是犯罪者的错。或者一个男人可能会认为是自己的行为导致妻子大发雷霆，而没有意识到他的妻子那天只是因心情不好而指责一切。

个人化是试图拥有高于我们已有的控制权。具有讽刺意味的是，这种企图会导致事与愿违，因为现实会提醒我们，我们的控制力比自己想要的要弱。我们不能强迫他人做事，也不能总是阻止他人感受痛苦。个人化的解决方案是提出问题：为什么有人会那样做？它有没有可能真的与我无关？

再见，自卑

指责

个人化是把太多的责任放在自己身上，而指责是把太多的责任放在别人身上。例如，我们可能会说："我的酗酒问题全怪我父母，是他们让我喝酒的。"或者"我很自卑，因为我的配偶离开了我"。我们越是避免为自己的不幸负责，就越感到无助和失控。所以替代性的想法可以是："是的，这是一个困难的局面。现在我要负起解决它的责任。"

练习：回顾扭曲思维

现在，让我们来看看认知疗法的基础"每日想法记录"是如何使用的。当你已经对扭曲思维有了一定程度的认识，这种记录才最能发挥作用。在你开始练习之前，回顾一下前文中的扭曲思维列表，然后通过回想每一种扭曲思维的日常表现来自查，并为每一种扭曲思维想出一个替代想法。

应用认知疗法：每日想法记录

认知疗法的一个原则是：没有练习，我们就不会进步。每日想法记录是帮助我们放慢思考速度的基本工具，用以捕捉替代想法并替代我们惯用的扭曲思维。

找出会伤害你自尊的情境，以及由此产生的感受。从 1 到 10 对每种感觉进行评分，1 表示没有不安，10 表示极度不安。然后列出你在该情境下的自动思维编号，并把扭曲思维的内容写在括号里。接下来，为每一种自动思维写下一个更合理的替代想法。最后，再次对相关感觉进行评级，并注意任何

再见，自卑

情绪强度的变化。任何情绪强度下降都是有价值的。下面是一个每日想法记录的范例。

令人痛苦的情境（逆境）：

我没有通过这次升职测试。

引发的感受	在写出替代想法之前	在写出替代想法之后
抑郁	9	5
焦虑	7	5

自动思维（扭曲思维）	替代想法
1. 我是个蠢货（贴标签）	1. 这次测试很难。下次我会准备得更充分
2. 我把一切都搞砸了（以偏概全）	2. 这只是一次考试。我能把很多事情办好，否则就不会被推荐为晋升候选人
3. 所有人都做得比我好（以偏概全）	3. 有些人做得比我好，有些人做得不如我
4. 乔成功了。他比我聪明多了（进行不利比较）	4. 乔是一个出色的申请人，但我有其他长处。我们只是不同而已
5. 下回测试我还是过不了，结果会很糟（假设和灾难化）	5. 如果我准备得更充分就能通过了。我希望我能通过。如果我考不过，也能承受，虽然我希望自己的工资能更高一些

解离

史蒂文·C. 海斯（Steven C. Hayes）博士在他关于接纳承诺疗法（ACT）的精彩著作《跳出头脑，融入生活》（*Get Out of Your Mind and Into Your Life*）中写道："几乎所有人都会在人生中的某些时期遭受某种形式的强烈的内心痛苦。这种痛苦可能是抑郁、焦虑、药物滥用、自我厌恶和自杀念头，它的源头是我们徒劳地企图摆脱过去时内心的挣扎与争斗。"

让我们回到老师（或其他人）让你觉得自己很蠢的那个情境。多年以后，只要你远离那个老师（也许还有那个学科，比如数学），就可以避免这种痛苦。然而，解决问题的思维并不会让它就此结束。它会继续进攻，想着如果我真的很蠢怎么办？我讨厌愚蠢的感觉。我不愚蠢。如果我足够努力，我就不会愚蠢。我不能再认为自己愚蠢了。如果我真的努力了，那么我就不会再认为自己愚蠢。这就像一场战争在脑海中肆虐，而

再见，自卑

且是一场不会结束的战争，因为我们陷入了与过去的斗争中。

海斯称这个过程为融合。我们与消极的想法斗争了太长时间，以至于认为这些想法是正确的，最终我们与这些想法产生了共鸣。解决问题式思维通常能很好地解决外部问题，比如漏水的水龙头。然而，我们越是试图摆脱内心的问题（例如，通过思考过去），我们就越与过去交织在一起。我们无法摆脱过去的事件。而且，我们越努力不去想它，就越会想它，进而体验痛苦，甚至成为痛苦本身。

你可以检验一下这个想法。首先，请认真想象一头白色大象。现在屏蔽大象的画面，试着完全不去想白色大象。数一数你有多少次还是想到了它。当然，你会经常想到白色大象，尽管你努力摆脱这个想法。

同样，我们可能试图通过回避（使用药物、购物、看电视、工作等）来逃避痛苦。但这只会暂时起作用，然后痛苦会更强烈地反弹。我们越是试图通过屏蔽自己的情绪、感受来麻痹痛苦，就越会失去快乐和投入生活的能力。所以另一种方法——解离，可能是有帮助的。

解离的目标是面对令人痛苦的经历，没有执着或厌恶，而是全然接纳、共情且平和。全然接纳并不意味着说："好吧，我会马上做这个练习，这样就可以尽快摆脱痛苦。"而是意味着选择以一种友善、温和、冷静的态度，完整、完全地感受痛苦。然后，我们就可以承诺全身心地过好我们的生活，也完全接纳人生中的任何痛苦。我们仍然有令人痛苦的想法，但我们善意地从远处观察它们，而不是沉浸其中。就好像战争还在继续，但我们已经远离了战场，我们以超然的态度在远处观战。海斯还提出了以下解离练习。

再见，自卑

练习：识别痛苦的来源

（1）列出一些过去的痛苦经历，这些经历可能在某种程度上伤害了你的自尊。它们也许会让你感到尴尬、被拒绝、被羞辱、不被尊重、被辱骂或被嘲笑。也许你做了一个错误的决定，或者丧失了冷静。对这些情况，除了有令人痛苦的想法，在想起它们时，你可能还会经历痛苦的感觉、记忆、画面和／或身体感觉。你只需要留意这些反应。

（2）写下每种情况困扰了你多长时间。

（3）与其试图摆脱这些问题，不如以一种温和而开放的态度让它们进入你的意识。你可以对自己说："这些只是回忆。"

练习：牛奶、牛奶、牛奶

（1）在你的脑海中充分想象一下牛奶——它的外观、质感和味道如何。你可能会体验到牛奶的凉、白、浓稠。

（2）现在大声说出"牛奶"这个词，并在45秒内尽可能多地重复，然后留意发生了什么。人们往往会注意到自己对牛奶的体验产生了变化。牛奶的含义脱离了这个词本身，而这个词的词义变为仅仅是一种声音。

（3）现在请你回忆一个消极的念头，把它与你之前记下的痛苦情境之一联系起来。或许这种想法是自我批判和苛刻的。请把这个想法变成一个词，比如"坏""失败者""愚蠢"或"不成熟"。

再见，自卑

（4）从1到10给这个词的痛苦程度评分。然后评估它的可信度。

（5）全然、善意地接纳这个词以及记忆中的其他方面进入你的意识。

（6）在45秒内尽可能多地大声重复这个词。

现在，再次判断这个词有多令人难过。与这个词相关的痛苦程度下降了吗？也许这个词已经不再对你的情绪有那么大的影响，它现在只是一个词而已。

练习：写日记

大量研究证明每天写15~30分钟日记来披露痛苦是有好处的。以书面形式描述过去经历的困苦，特别是你从未向任何人透露过的事件，例如，你可以写下"当我打破盘子时，妈妈冲我大喊大叫"。然后记下相关的想法和由此产生的感受（例如，"她对我的评价似乎不公平，我无法忍受。我感到很难过但无能为力。我很抱歉让她失望了。我感到自己非常笨拙和尴尬。当我犯错时，会觉得自己很差劲"）。这样开始记录几天后，人们通常会发现他们的情绪有所改善。他们获得了一种超脱的感觉，并且更深入地理解了令人痛苦的事件。

练习：随身携带

写下占据你脑海的所有"事情"。你可以画一

再见，自卑

个大大的脑袋，然后在上面写下你心中所有的负面想法和感受。或者，你也可以用书面形式总结自己在上述几个练习中的发现。请把这份总结放在口袋里随身携带一天，作为一个象征性的提醒，提醒自己确实可以承受过去的记忆，并继续你的生活。

第 4 章

了解你的优势

再见，自卑

　　高自尊的人不一定比低自尊的人更聪明、更有魅力或能力。他们的不同之处在于看待自己的方式。沉迷于对自己的负面看法会阻止我们享受核心价值和当下对自己的正确看法。"因为这样或那样的错误，我无法喜欢自己"的观点也会阻碍自我接纳，因为它使消除所有缺点成为自身有价值的必要条件。我们总会有时间打磨自己的棱角并成长。但现在让我们关注一个更重要的技能：盘点自己的优势，以便更准确地看待自己的核心价值。

　　本章将帮助你做到这一点。我们将探索的技能不是练习积极思考，相反，此方法是试图清楚而诚实地看到已经存在的东西。回想一下我们的基本前提：每个人在胚胎时期就已经拥有好好生活所需的每一个属性。我们表达这些优势的独特方式并不能确立我们的价值——而是提醒我们注意自身的价值。

　　让我们先思考一下创造力。创造力是一种奇妙的力量，可以帮助我们发明有用的设备，美化我们的环境，并在不断变化的世界中生存。我经常在课堂上让认为自己有创造力的学生举手示意。通常只有少数人举手，因为他们将创造力狭隘地定义为一种艺术才能，他们以绝对的态度认为："好吧，我不懂艺术，所以我没有创造力。"我建议每个人都举手。为什么？因为创造力可以通过多种方式表达。有些人画画，有些人雕刻，其他人在打扫、做饭、穿衣打扮、讨价还价、自娱自乐、帮助他人、逗笑孩子、讲故事、让自己摆脱困境、解决问题、协调组织等方面很有创造力。创造力是标准问题，但它可以通过多种不同的方式来表达，并且需要付出努力。

练习：关于你的核心价值

想象一颗代表核心价值的球形晶体，每个面都

代表一个有价值的人格特质或属性，所有人在不同的发展阶段都具备。我们看看以下这些属性：

- 创造力
- 灵活性（适应不断变化的环境，可以放弃无效的行动方案）
- 智慧（洞察力、良好的判断力）
- 幽默、快乐、俏皮
- 品格（正直、诚实、公平）
- 仁慈、慈悲
- 慷慨
- 尊重自我
- 尊重和考虑他人
- 耐心
- 自我认同

◐开放、好奇、意识

◐自我信任

◐决心

◐纪律

◐勇气

◐谦逊

◐感激

◐乐观

其他：_____

准备一张纸，在纸上列出上述属性。在每个属性旁边，画一个看起来像这样的标尺。

完全缺乏　　　　　　　完全发展

0　1　2　3　4　5　6　7　8　9　10

接下来，从 0 到 10 对自己的每个属性进行评

再见，自卑

分，其中10表示该属性在一个人身上得到了完全发展，0表示该属性完全缺乏，并且从未有过最低限度的表现。试着只是注意这些属性的表现程度，而不做消极的判断或比较。请记住，这不是与他人的较量——因为价值是平等的，人们以不同的方式和速度表达自己的价值。所以尽量诚实，不要夸大或降低你的评分。

分析

当你完成后，后退一步看看已经揭示了什么。如果你基于现实，就不会看到 0 或 10 的评分，因为你既不完美，也不是完全缺乏能力。从这层意义上说，我们都在同一条船上。每个人就像一幅完成度各不相同的肖像，每个人的肖像都有独特的色彩组合。照在每幅肖像上的光线角度不同，凸显出每

—

一幅画的优势组合也各不相同。因此，虽然每个人都是无限有价值的，但每个人都以无限多的方式表达这种价值。你可能需要花一些时间在日记中记录你对这个练习的想法和感受。当你想到自己独特的肖像时，你最喜欢或最满意的区域是哪些？

练习：认知排练热身

下面这项技能非常有效，并且在与我共事过的人中很受欢迎。它是由 3 位加拿大研究人员〔高迪尔、佩勒林和雷诺（Gauthier, Pellerin and Renaud），1983〕开发的，他们发现这项技能可以

再见，自卑

在几周内提高成年受试者的自尊心。作为热身，如果你有时或曾经在合理范围内符合以下任何一种情况，请在相应的特征或行为旁边打钩。

- 友好的
- 冷静或沉着
- 灵活或适应性强的
- 有原则或道德的
- 富有表现力或口齿伶俐的
- 爱玩的

- 有条理或整洁的
- 幽默的、欢快的或有趣的

- 有逻辑或合理的
- 美丽或自然的
- 勇敢
- 富有合作精神的
- 敏感的、体贴的、礼貌的或委婉的
- 精力充沛的、热情的

- 乐观或充满希望的
- 温柔的

◉信守承诺的

◉忠诚的、可靠的或负责任的

◉值得信赖的

◉信任他人或能够看到别人优点的

◉自发的

◉（对人）关切保护的

◉有爱心或善良的

◉和解的

◉端庄或优雅的

◉思想开放的

◉富于想象力的

◉勤奋的

◉准时的

◉大方的

◉爱冒险的

◉专注的或自律的

◉感知的

◉深情的

◉强壮的、有力的或
有说服力的

◉坚决或执着的

◉有耐心的

◉自我肯定或自信的

◉相信自己的直觉的

◉宽恕的或愿意放下
错误和痛苦的

再见，自卑

　　以上列表代表人格特征或属性。下面的列表包含我们时常扮演的各种角色。检查一下自己是否有时将以下任意角色扮演得不错。

- 听众
- 帮手
- 决策者
- 厨师
- 清洁员
- 工人
- 朋友
- 音乐家或歌手
- 学习者
- 领导或教练
- 追随者

- 社交者
- 请求者或倡导者
- 啦啦队队长
- 支持者
- 其他人的榜样
- 规划师
- 伴侣
- 批评接受者
- 冒险者
- 爱好的享受者
- 纠错者

- ◉主办单位工作人员
- ◉问题解决者
- ◉勤杂工
- ◉老师
- ◉美化师或设计师
- ◉司机
- ◉写信人
- ◉辅导员
- ◉思想家
- ◉运动员

- ◉微笑者
- ◉辩手
- ◉财务经理
- ◉预算员
- ◉调解员
- ◉讲故事的人
- ◉家庭成员
- ◉沟通者
- ◉兄弟姐妹
- ◉家长

请注意，当我们丢掉对完美的需求时，就可以更好地了解自己的优势和自己可以做的许多事情。现在请准备好尝试下面的认知排练练习。

再见，自卑

练习：认知排练

（1）在一张纸上（或在可以塞进口袋或钱包的小卡片上），列出 10 个有意义且真实的关于自己的正面陈述。陈述内容可以来自前几页的列表，或者你也可以生成自己的陈述。例如，你可以写下"我是家庭忠实的支持者""我很自律"或"我是一个关切的倾听者"。如果你说出一个自己表现出色的角色，请尝试添加特定的个人特征来解释你为什么在该角色中表现出色。例如，如果你说自己是一位卓有成效的经理，就可以补充说明自己计划周密，并且公平对待他人。角色可能会发生变化（例如，你可能会退休或被解雇），但可以通过其他不同的角色来诠释自己的性格和个性特征。

（2）找一个大约 20 分钟不会被打扰的可以放

松的地方，用 1~2 分钟考虑其中一个陈述准确性的依据。例如，如果你在第（1）步中指出自己是一位公平待人的经理，就可能会考虑自己最近做出的一个平等待人的决定。对每个语句重复此操作。

（3）每天重复这个练习，持续 10 天。每天在你的列表中添加一条新陈述，并考量每一条陈述的准确性依据。

（4）在 10 天的练习过程中，每天多次看清单上的每一条陈述，并冥想大约 2 分钟，以确认其正确性。

认知训练有助于对抗将注意力集中在负面认知上，以欣赏的态度和感受取而代之。沃尔特·惠特曼（Walt Whitman）在一个觉醒时刻写道："我比自己想象中更高大、更好。我不知道自己竟然这么善良。"那些尝试过

再见，自卑

这个练习的人也发表了类似的感想，包括以下内容：

"令人惊讶的是，我感到很平静，更能适应自己。"

"我很高兴看到为自己做过的事情的数量如此之多，这让我大开眼界。"

"我有一种被赋予权力的感觉。"

"我感到那种消极情绪消失了。"

练习：内在的善行

莎伦·萨尔茨伯格（Sharon Salzberg）提出了一种更简单的方法来做到这一点。花15分钟回忆你做过的善事，例如，你表现慷慨或关怀的时刻，或者你以某种方式帮助另一个人的时刻，无论事情多么小。之后，你可以将自己的回忆记录在日记中，作为对你内在善良的具体提醒。

第 5 章

正念

再见，自卑

爱对心理健康和自尊至关重要，爱的匮乏可能会导致焦虑和自卑。幼猴在无法与母猴建立情感连接时会变得非常焦虑。在人类社会中，能与父母建立爱的纽带的孩子往往会展现出自尊上的优势，而成人的焦虑与低自尊密切相关（布朗、斯奇拉尔迪和罗布莱斯基，2003）。在本章中，我们将探讨一些技巧来帮助自己获得爱的疗愈，因为在我们生命早期的发育过程中，对爱的需求可能一直未被满足。我们将从探讨正念冥想方法开始，然后介绍在此过程中有助于我们的相关技能。

正念

从某种意义上说，正念冥想就是我们体验真实、快乐、爱的本能，即核心价值，也被称为智慧心（见第2章）。

内在精神斗争在平凡心中肆虐，带给我们很多痛苦。在平凡心中，我们开始执着于消极想法和令人不安的情绪，远离平和、仁慈的智慧心（见图 5-1）。当我们被平凡心中翻滚奔腾着的想法和情绪困住时，当下就会成为煎熬。平凡心无休止地处于担心、计划、痴迷、回忆、后悔、评估、诉求、批评、判断、抗议、戏剧化、怨恨、质疑和匆忙之中。有人说，我们活在自己的头脑中，却错过了生活。面对自身体验时，我们越是挣扎、对抗，就越会变得敏感，感受到的痛苦就越多。

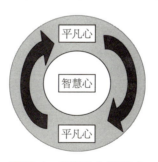

图 5-1 智慧心与平凡心

在困境中时，我们可能会做出 3 种反应：战斗、逃跑或接纳。我们在战斗时会紧张起来，而紧张本身往往

再见，自卑

会增加敏感和痛苦的程度。认知疗法（见第3章）侧重于用更尊重现实的想法代替消极想法，从而帮助我们对自己更仁慈。我们会非常积极和努力地学着这样做。认知疗法是一场战斗，尽管它是有用的，但其话语本身就在劝告我们回击或反击自己的扭曲思维。另一种选择是通过回避、镇静、分离、希望问题消失或追溯原因来摆脱问题。从长远来看，这些方法都不会一直有效。正念使用接纳的方法，是对认知疗法的补充。接纳或容许意味着我们停止与困难做斗争，只是在一种仁慈的觉察中与困难共处。当我们停止挣扎或尝试解决问题时，我们会获得一种不同的视角，以内心的平静和自信来面对生活，并从与消极想法和情绪的纠缠中解放出来。

正念冥想能帮助我们超越平凡心（包括各种自我厌恶的想法）。当我们这样做时，会体验到核心价值——我们真正的快乐本性或智慧心——其自然状态是充满同理心、对自己和他人有爱、眼界开阔、庄严、谦卑、清晰、简单、平静和完整的。以智慧心那清晰又广阔的视角来看，我们只需将想法视为来去匆匆的事物，而不是真正的核心价值。

正如我的一位冥想导师所提出的：我们不需要对抗恐惧——我们只需要意识到爱。我们不需要创造爱——我们只需要意识到原本已经存在的东西。在正念中，我们不必与平凡心的想法做斗争。相反，我们要亲切地问候它们，以智慧心的慈爱来接纳和拥抱它们。当我们觉知到智慧心时，它的光芒就仿佛突破了平凡心，与彼岸的真理之光合二为一。智慧心的光亮会穿透、软化或化解我们的负面想法和情绪。我们不与消极情绪做斗争，而是去增加积极情绪的体验。最终，负面想法和情绪就会变少了。

当我们只是接受现实，而不去战斗或逃跑时，会发生什么？西方医学研究发现，正念冥想可以减轻压力和身心痛苦，还可以改善睡眠，有助于身体健康，同时增

再见，自卑

加自我同情和对他人的同理心。正念练习让我们接触到爱的核心，以及"真正的我"是谁——帮助我们恢复对自我的全然认同，让我们带着纯粹和爱来体验自己的内在力量。当我们知道自己可以摆脱消极想法而不被它们控制时，我们就获得了一种自信。正念提醒我们，我们自身比表面体验的任何厌恶都要深刻。

正念还提供了一种通过接纳、安抚痛苦来自我关怀的方法，进一步增强我们的自信心。毕竟，情绪体验是每个人独有的。如果我们试图评判并摆脱自己的情绪，就是在否定"我们是谁"其中的一个重要部分。如果我们能更坦然地面对自己的情绪，我们就更能保持冷静，并在痛苦的情境下充分地感受自身情绪。因而，我们就能对危机做出更恰当的反应，并做出更好的决定，而不会过度情绪化。人们常说正念让他们对自己的样子感到更舒服。

请记住，正念不会试图立即修复或改变现状，但它确实会改变我们连接或回应痛苦想法和感受的方式。我们只是允许它们存在，但不会以强烈的负面情绪、紧张、勉强、评判、冲动或类似的方式去回应。在正念练习中，我们只是平静地带着仁慈去观察，从智慧心的冷静角度去看待我们的思想和感受。稍后，我们可能会决定试着从充分感受自身情绪的角度去改变境况。当我们以这种方式敞开心扉时，我们对各种感受（所有的感受都被认为是有用的，并受到同等对待），来自我们身体的信号（如疲惫、疼痛或真正的饥饿感而不是情绪上的饥饿感），我们的内在力量和能力，我们做决定时可用的选择以及生活的美好，都变得更加开放。当我们从与平凡心的争斗中跳脱出来时，或许就不再感到那么疲惫了。

所以，在正念中，我们只是完全、平静、友善地关注每一个时刻，而不是试图立即改变任何事情。这份关注是不带评判性的，因为评判会对我们产生精神和生理

再见，自卑

上的刺激（认为"我不擅长冥想"或者"我认为它不起作用"就是在评判）。相反，当我们练习正念时，要以一种接纳、开放的态度。我们总是用慈爱来回应，而不是情绪化地回应。

❤🔍 正念减压疗法

乔·卡巴金因在 20 世纪 70 年代后期将基于正念的减压疗法（MBSR）引入西方医学界而闻名。在这里，我们将探讨他开发的八周减压疗法的简化版本。当然，每种形式的冥想都将建立在前一种形式的基础上。因此，轮流练习每一项正念冥想是很重要的。乔·卡巴金强调了练习的重要性，即使你不喜欢练习也要照做。为什么要练习？通过练习，你最终能够像吃葡萄干一样平静地接受令人痛苦的想法、记忆、情绪和身体感觉，这就是正念减压疗法的开始。

练习：吃葡萄干

这个练习的目标是在10~15分钟内全神贯注地吃两颗葡萄干。

（1）以一种顽皮、好奇的态度，将两颗葡萄干轻轻放在掌心里。

（2）拿起一颗葡萄干，注意它的所有细节——棱角、线条、透明度、颜色和香气。用手指触摸葡萄干表面时，请留意来自指尖的触感。用手指在你耳旁揉捏它，请留意它发出的声音像什么。

（3）拈起葡萄干，请留意身体的感觉，留意当你慢慢将它送往口中时使用的力度。当你的手缓慢移动时，请感受皮肤上的空气流动，就像沐浴时移动胳膊感受水流一样。请留意你的身体是否在发出

饥饿的信号。注意手和手臂的所有感觉。

（4）当你准备把葡萄干放进嘴里时，你可能会注意到自己在想："我喜欢/不喜欢葡萄干……小时候妈妈常给我们葡萄干当零食吃……我想吃午饭了……我真的没有时间做这件事……这种葡萄干可能含有很高的热量……这跟自尊有什么关系？"很好。每当头脑中出现种种念头时，亲切地向它们致意（思考是正常人的行为），然后把注意力转移到吃葡萄干上。

（5）注意你的嘴是如何接受葡萄干的。当你把葡萄干放在舌头上时，感受它，在开始咀嚼前留意它在舌头上的感觉。过一会儿把它放到舌头的其他部位。留意自己如何分泌口水并感受葡萄干的味道。

（6）嚼一下葡萄干，留意它的味道。你可能会注意到它的味道比你平时不经意地吃葡萄干时更强烈。

（7）慢慢咀嚼，注意口中的感觉，然后留意自己想吞咽时的感觉。当你吞咽时，随着葡萄干被咽下，进入你的胃，注意口中的回味和身体的感觉。

（8）吃完第一颗葡萄干后，吃第二颗时再练习一次，全身心地、平静地专注当下的体验。

本练习介绍了正念的大部分要素：在不产生评判或情绪反应的情况下，每时每刻平静地身临体验；觉察自己在走神时，请不加评判地轻轻让意识回到当下；保持初学者心态（即使你可能认为所有的葡萄干都是一样的，但吃第二颗葡萄干和吃第一颗时的体验其实并不一样）；意识到当我们不专注时，

我们错过了多少生活体验。许多人会注意到，当注意力集中在当下时，吃葡萄干的体验会更加强烈，而且他们真的会注意到自己之前匆忙间错过的味道。有人说，如果他们吃得专心，就会少吃一些，因为他们会更享受每一口食物，并且会注意到饥饿信号何时停止。

练习：正念呼吸

这是一种非常有效的冥想练习，可以帮助我们学会让自己的身体更加平静，并摆脱头脑中负面想法的纠缠。每次需要 10~15 分钟。每天练习一次，持续一周。

（1）舒适地坐着，双脚脚掌平放在地板上；双手放松，展开，舒适地放在膝盖上，手掌向上或向下。背部舒适地挺直。想象一下，脊椎骨整齐地排成一列，就像一摞金币，一枚叠放在另一枚的上面。头部既不前倾也不后仰；下巴既不高抬也不低垂。躯干保持高贵且优雅的姿势，就像一座雄伟的山峰。这座山峰是稳定且安全的，即使它被云层覆盖或风暴袭击。

（2）闭上你的眼睛，松弛并释放肩部、颈部和下巴的紧张感；让腹部柔软放松，让你的身体放松并安定下来，让自己开始安于智慧心。

（3）思考一下正念的态度——接纳、慈爱、不评判、耐心、不执着、初学者心态、幽默、承诺、

再见，自卑

胸怀宽广和慷慨。在这一轮冥想中，你不要刻意让任何特定的事情发生。你只需留意所有正在自然发生的一切。

（4）用腹部呼吸，同时让意识专注在呼吸上（上半身保持放松和静止；唯一的活动是腹部在吸气时上升，在呼气时下降）。注意你的呼吸，就像你在海滩上看着海浪在岸边来回奔流。随着气息的流动，感受身体正在随之运动的部位。当你吸气时，你可能会感觉到腹部的隆起和扩张；你可能会注意到气息穿过鼻孔和喉咙，进出肺部；也许你还会注意到你的心跳，在吸气时略快，呼气时略慢。每次呼吸都不一样，所以要带着初学者的心态去关注呼吸的全过程。

（5）当你呼吸时，脑海中的念头会时有时无，

92

与之对抗会增加紧张感，所以只要留意到自己走神了就好。每次你注意到自己走神时，轻轻地把注意力转回到呼吸上就好。练习的目的不是要阻止大脑思考。相反，每当你能觉察到自己走神时，都可以对此感到高兴。走神就是平凡心的活动。每当正念觉察到头脑走神时，都要祝贺自己的觉察，轻轻地、友善地、耐心地让意识回到呼吸上，不要评判。将这视为以慈爱的态度回应生命的练习。

（6）释放、放松并在气息中休息。充分留意吸气、呼气的每一部分，以及每一个微妙、变化的时刻。把你的想法放在你的肚子里，感受那是什么感觉。

（7）现在感觉呼吸就像一阵波浪，扩散到整个身体。在呼吸时，留意更深层次的平静，内心深处

再见，自卑

的安宁。

（8）结束时，留意自己有什么感觉。任凭那种感觉消失，就像你可以任凭呼吸过程中的感觉自由来去一样。

练习：身体扫描

我们能感受到身体里的情绪和生理感觉。然而，我们经常试图在头脑中控制它们。我们可能会想："哦，不。我不想感受那种情绪，再也不要。我必须停止这种感觉。"或者，"这种痛苦是可怕的，我得想办法消灭它"。我们越是与情绪和身体感觉做斗争，我们就越痛苦。当我们的生活被头脑中的想法控制时，我们常常与身体完全脱节，与电视、电脑或手机的联系都比与身体的联系要多。我们可能会迷恋镜子里自己的身体形象，但并不是真正欣赏它，就像我们有时也在没有细细品味的状态下吃东西。身体扫描冥想将帮我们做好准备，最终能以仁慈和平静的态度去体验情绪和生理不适，而不是试图推开它、逃避它，或者认为自己摆脱了它。这种冥想教我们全然地接纳每一种感觉。我们友善而冷静地观察它，然后让我们头脑中的想法自然消散。当我们只是观察感觉时，我们会注意到它们经常发生变化，它们来来去去。当我们不紧张且放松地面对感觉时，我们对感觉的反应就会改变。许多人观察到，当他们以身体而不是头脑为中心时，会

再见，自卑

感到脚踏实地——平静地感知身体感觉的时有时无，并以平静的觉知来接受任何出现的东西。这种冥想的方法不是去思考身体的每个部位，而是从内心深处去观察身体，关注其内在感受。在至少为期一周的时间里，每天这样冥想大约40分钟。

（1）在能避开干扰的地方仰卧，闭上眼睛。尤其要保持慈爱、耐心、接纳、不评判、放手和幽默的态度。

（2）呼吸，让思绪安定下来，让头脑在你的身体里平静地安歇。

（3）不加评判地留意此时身体的整体感受。感受皮肤与地毯或床的接触，留意周围空气的温度和置身其中的感觉。注意你的身体感受——是否舒适，有没有紧张、疼痛或瘙痒的感觉？注意这些感觉的强度，以及它们是会发生改变还是保持不变。

（4）片刻之后，呼吸数次并只用意识关注身体的某一部位，全神贯注于你体验到的所有感觉，就好像你的心在身体的那个部位休息。然后，当你准备好时，你会放松你的意识，让之前关注的部位的紧张感消失。然后，以类似的方式将意识传递到下一个部位。每次当你走神时，轻轻地将意识带回到你所关注的部位就好，不要评判。让我们开始吧。我们的引导将从你的左脚开始，然后我们以类似的方式，转向身体的其他部位继续练习。

（5）请将一种善意、开放的注意力聚焦在左脚的脚趾上，让你的意识在那里休息。想象一下，你正在用脚趾呼吸。你可以想象从指缝中吸入的空气经过鼻、肺、腹部和腿向下流入脚趾。然后，空气

再见，自卑

随着呼气离开脚趾，向上经过腹部和鼻子，被呼出。让自己体会脚趾的所有感觉——来自袜子的张力、周围温度、血流、脉动、放松、紧张等。在呼吸时，请注意这些感觉的所有变化。如果你什么感觉都没有，那也没关系。只需注意任何可以体验的事物，而无须评论或判断。当你准备好离开这个身体部位时，进行一次更深、更有意识的呼吸，随着气流吸入再次向下流到脚趾。当你呼气时，让脚趾的意识消失，释放此时身体愿意释放的任何紧张或不适，同时将意识带到身体的下一部位（你的左脚掌）。在继续之前，让意识以同样的方式停留在身体的下一部位并呼吸数次。当有念头生起时，默念："想着……想着……" 轻轻地让你的注意力回到身体和呼吸区域。以初学者的心态观察每个身体部位，就好像你以前从未关注过那个区域一样。观察你所体验到的一切，不要紧张或评判，但要带着善意、温和、仁慈的觉知。请按照以下列表对每个身体部位重复该过程。

- ◉左脚脚趾
- ◉左脚掌
- ◉左脚跟
- ◉左脚背
- ◉左脚踝
- ◉左胫骨和小腿
- ◉左膝
- ◉左大腿
- ◉左腹股沟
- ◉左臀部

再见，自卑

- 右脚脚趾
- 右脚掌
- 右脚跟
- 右脚背
- 右脚踝
- 右胫骨和小腿
- 右膝
- 右大腿
- 右腹股沟
- 右臀部
- 骨盆区域
- 耻骨
- 下背部
- 上背部

- ◉脊柱

- ◉胃

- ◉胸骨

- ◉肋骨

- ◉心

- ◉肺

- ◉肩胛骨

- ◉锁骨

- ◉肩膀

- ◉左手手指

- ◉左掌

- ◉左手背

- ◉左手腕

- ◉左前臂

再见，自卑

◉左肘

◉左上臂

◉左腋窝

◉右手手指

◉右掌

◉右手背

◉右手腕

◉右前臂

◉右肘

◉右上臂

◉右腋窝

◉颈部和喉咙（注意气流）

◉鼻子（注意气流和气味，无须评判）

◉左耳

- 右耳

- 眼睛

- 脸颊

- 前额

- 太阳穴及周围

- 下巴和嘴巴

- 面部

- 头顶

（6）现在感受自己的整个身体，在平静、安宁中呼吸。深入你的意识，去感受身体的完整合一。留意有什么在移动或变化，想象通过头部和脚部的气孔呼吸。通过头部吸气，随着气流向下到胃部，之后气流沿着腿向下从脚趾呼气；然后通过脚趾吸气，随着吸入的气流到达胃部，之后通过头部呼

气。当你从平静、安宁的内在去观察自己时，最终会感到整个身体似乎都在呼吸，就像海面上的波浪一样。

练习：微笑冥想

这是一种美妙的冥想，它提醒我们：幸福已经存在于我们的内心，是我们真实、快乐本性的一部分。从早上开始练习并持续一整天，会很有好处。每次冥想持续10~15分钟。

（1）采用冥想的姿势，舒适地坐直，双脚平放在地板上，双手舒适地放在膝盖上。脊柱挺直，像一摞金币。上身放松而挺立,端坐如一座雄伟的山峰。闭上双眼,让呼吸帮助你在智慧心的从容中安定下来。

(2)想想快乐本性或智慧心的俏皮、幽默。想象一下微笑是什么感觉。也许你会注意到,微笑的想法往往会唤起满足、快乐、放松和仁慈的感觉。只是一想到微笑就会让你的脸放松,变得柔和。

(3)现在让你的脸上真的露出略带微笑的表情——也许是一点点,睁开眼睛,并放松脸和下巴。微笑在你的脸上扩散,浸润、舒缓并安抚你的面部。

(4)想象微笑蔓延到脖子和喉咙,带来了快乐。专注感受这个部位的快乐,让你的心在此处安歇。

再见，自卑

（5）现在让幸福蔓延到胸腔里，感受它给那个部位带来的舒适感。也许幸福在那里的感觉就像一盏温暖的明灯。但不管它是什么，只需接受它，顺其自然。

（6）现在让幸福的感觉充满内心，温暖并安抚它。保持呼吸，让心灵在其中安歇。让幸福安住在你的心中。

（7）让微笑的愉悦感觉蔓延到胃部，以及你想要关注的其他身体部位。感受身体各个部位的愉悦。

（8）保持所有带着友善的念头，重新体验身体的微笑和愉悦。最后，感受全身的呼吸，并在治愈、快乐的微笑抚慰中收尾。

练习：与情绪为伴

本章前面提供的冥想技巧已经为你做好了准备，可以使用以下非常有效的方法来平息痛苦的情绪，从而照顾好自己。这种冥想教会我们在出现任何情绪时保持冷静和无反应，无论情绪是好是坏。

如果我们能够克制逃避恐惧和痛苦的倾向，那么我们就能发现内心深处的平静和力量。冈崎千惠子曾讲述过一个在日本某村庄流传的故事，村庄附近山上的洞穴中住着一条隐形的龙，它的咆哮声总让村民们胆战心惊。有一天，村里的一个小男孩决定走近龙的洞穴，邀请龙参加他的生日宴。不管龙怎么咆哮并喷出滚滚浓烟，男孩还是恳求龙接受邀请。终于，龙相信了男孩的真诚，流下了感动的泪

再见，自卑

水。龙流了许多眼泪，结果形成了一条河流。龙和男孩就沿着这条河漂回了男孩的家中。由此可见，在这个故事中，对慈悲的觉知能以一种动人的方式改变事物。

智慧心确实是广阔、充满爱和接纳的——足够宽广和深沉，足以容纳任何痛苦的情绪。因此，我们可以对任何存在的事物敞开心扉，让疗愈、慈爱来渗透痛苦。与其对抗想法、记忆和感受，不如学会拥抱它们，并给予共情。这就像陪伴在一位痛苦的爱人身旁，倾听并告诉他："和我说说吧。不管发生了什么，都没关系。"我们不加评判地倾听，直到对方的疼痛感消退或者改变他们对疼痛的反应——放松而不是对抗疼痛。

在这种冥想中，我们学会从智慧心宽广、超然的角度来观察痛苦的情绪。痛苦是不受个人情感影响的，我们不认同痛苦（"有痛苦"，而不是"我有痛苦"或"我就是痛苦"）。记住，当我们抵抗痛苦时，平凡心就会制造出很多痛苦（"我为什么要受苦？这不公平。我无法忍受这种痛苦"），我们通过接纳痛苦来改变自己对它的反应。反之，当我们与之对抗时，我们不是振作和紧张，而是以完全接受的方式放松到痛苦中。我们不判断情绪是好是坏；相反，我们平静地接受两者，让爱渗透并消除痛苦。建议每天抽出 30 分钟或更长时间练习这种冥想，至少持续一周。

（1）舒适地坐直，双脚平放在地板上，双手舒适地放在膝盖上。脊柱挺直，像一摞金币。上身放松而挺立，端坐如一座雄伟的山峰。闭上眼睛，让

你的呼吸帮助你进入平静的智慧心。

（2）记住接纳、慈悲和不评判的关键态度，记住你已经是完整的了。在探索体验情感的新方式时，请使用初学者式的思维。

（3）花几分钟留意你的呼吸。让腹部变得放松、柔软，看着它随着呼吸而起伏，让自己变得安静、平和、安稳，并真正感受当下。

（4）留意身体里的任何感受，任凭这些感觉时有时无，不要评判或试图改变它。

（5）每当你发觉自己走神时，先祝贺自己注意到了这一点。记住，这些想法并不能代表你，请把你的意识轻轻地带回呼吸和身体的感受上。

（6）回忆一个困难的情境，可能涉及工作或一段亲密关系，以及相关的无价值、不称职、悲伤或担心未来的感觉。为这种情境腾出空间，深深地关注这些感受。无论出现了什么感受，都没关系。亲切地对待它们，就像对待老朋友一样。

（7）留意以上不适情绪所对应的身体部位（例如你的胃、胸部或喉咙）。让自己充分感觉这些感受，并完全接纳它们。不必想着"我要努力体会这些感受一分钟，以便摆脱它们"——这不是完全接纳。相反，要创造一个能完全容纳这些感受的空间。

（8）带着极大的爱意用情绪所对应的身体部位呼吸，它仿佛是一间长期无人打理的昏暗屋子，迎来了新鲜的空气和阳光。跟随吸入的空气，经过鼻子、喉咙、肺部，然后一直到达能感觉到不适情绪所对应的身体部位。然后随着呼气的路径，把感受

呼出身体，直到你感觉自己安定下来了。在这样呼吸时，你可以去想象一个友善、充满爱心、接纳的微笑。不要试图改变或推开不适感。不要抵挡或与之抗争。我们只要拥抱它而不去评判它，带着真正接纳、深切关注、慈爱与安宁，让这个身体部位变松弛并打开周围区域。智慧心足够宽广，能以慈悲容纳所有这些感受；爱强大到足以拥抱、迎接并浸润不适感。让呼吸来关怀、安抚你的情绪，就像你爱抚着熟睡的婴儿一样。

（9）从智慧心的冷静角度看待不适，就好像你正在看着大海的波浪在海面上涌现，然后被重新卷入浩瀚的海洋中。海浪不停翻涌，并没有改变海洋的基本性质。如果以智慧心看待不适这个办法对你有用的话，你也可以去想想那些能唤起你慈爱之情的挚爱，并在你又想起痛苦的情境时，让那份慈爱渗透到你的意识中。你只需关注自己的感受自动发生了什么，而不要试图刻意改变它们。

（10）当你做好了准备，深呼吸并将气息送达不适感所对应的身体部位，然后再呼气时，将关注范围扩大到整个身体。留意全身的呼吸，去体会智慧心的完整无缺和慈悲的宽广无边，于是就能够承受任何痛苦的自由来去。你的注意力现在扩展到所听到的声音，且只是让它们进入你的意识，无须评论或判断。只是微笑着听，感受空气与身体的接触，感受呼吸浸透全身。以一颗柔软而开放的心去留意你所觉知的一切。

（11）最后，默默地对自己说出以下愿望："愿我不忘慈悲，愿我快乐，愿我完整。"

再见，自卑

🔍 基于正念的认知疗法

从认知疗法（CT）中，我们学到了一种有效的方法用来处理在平凡心中上演的戏剧。我们首先意识到自己扭曲的自动思维，然后用更具建设性的想法替代它们。这往往会降低我们所经历的令人不安的情绪的严重程度。通过觉察并替换自己扭曲的核心信念，我们可以获得进一步的解脱。在第 3 章中，我们举了晋升考核失败的例子。这种情况引发了各种不合理的消极想法，从而产生抑郁和焦虑的感觉。一个消极的想法是："再考核一次我也无法通过。这将是非常可怕的。"用更合乎逻辑的想法代替这些消极想法（"如果我准备得更好，我可能会通过"）在一定程度上减轻了痛苦。在认知疗法中，人们会被问到一系列旨在帮助他或她发现核心信念的问题，例如："为什么再次考核失败会如此可怕？""这对你意味着什么？"这些问题能揭示所谓的核心信念，然后挑战，用积极想法替代消极想法。例如，一个人可能会回答说，再次考核失败将证明他是不够格的。对这一核心信念的错误逻辑进行挑战（例如，"我显然并不是都够格，也不是在各方面都不够格"），从而获得了额外的解脱。核心信念通常是在生命的早期习得的。他们通常采取以下形式：

- "我不够格（软弱、无能、无助、失控、能力不足、不好）。"
- "我不讨人喜欢（不受欢迎、被排斥、格格不入、坏）。"

尽管这些被称为"核心信念"，但它们并不能准确地反映我们的核心价值。它们只是平凡心的想法。因为它们是在生命早期获得的，所以离我们很远。逻辑并不能完全抚平情绪。谁不曾在某些时候深深地感到自己

再见，自卑

不足或不可爱呢？一位女士说："当我醒来时衣冠不整，还有起床气，你没法说我很可爱。"诚如智者所说："以心修心，怎能免大惑？"我们可以重申这一点："仅凭思考，通常不足以治愈根深蒂固的信念和感受。"

可悲的是，一个"铁石心肠"的罪犯曾感叹道："难道你不明白我就是一个罪犯吗！"他并没有意识到他对自己身份的认知可能也只是一个想法。他执着于平凡心的念头，仿佛那是一个终极真理。他让想法驱动自己的行为和自我概念——因而阻止了改变。核心信念在平凡心中根深蒂固，仅凭逻辑很难根除它们。

基于正念的认知疗法（MBCT）引导我们回归本心，以一种互补的方式来处理令人不适的想法和感受。这种方法主要关注与自我相关的感受（我是不可爱、不足的，等等）。我们不要和扭曲的想法抗争，而是学着接受一切想法和感受。我们怀着慈悲之心与它们相处，等待它们自然消散——从智慧心而非评判的角度看待它们。我们从思维反刍中解脱出来，透过这些想法，用一颗柔软的心去抱持自己的情绪，直到它们减弱。

有些人认为下面的方法提供了一种更容易、更自然的方式来找到核心信念。请在接下来的一周内多次练习，直到你对这项技能感到满意为止（表5-1）。

表5-1 MBCT练习表

困难情境：晚上在家完成一个重要项目时，我的电脑死机了。

引发的情绪	内心评分	与核心信念共处后评分
愤怒	8	6
沮丧	7	5

自动思维	正念应对
发生这样的情况，我无法忍受。我花钱买的电脑应该正常工作。我一定得赶上最后上交期限。我必须出类拔萃。	我有"我不能忍受"这样的想法。它就是这样，接受吧。调整呼吸，接受此时的局面很困难。我有一个"我必须出类拔萃"的信念。

（1）选择一个引发不安情绪的困难情境，写下来，

再见，自卑

在它下面描述并评估由此产生的情绪的强度。

（2）在双列表格中的第一列，写下你的自动思维，不要评判它们。你只需深呼吸，冷静地把它们写下来。

（3）在第二列中，为每个自动思维写下正念应对。正念应对应是短语或简洁的句子，带着接纳和友善的态度，而不试图改变自动思维。

以下示例可能会帮助你选择合适的应对：

"想一想……"

"这只是一个想法。"

"相信那个想法……"

"接受这个想法……"

"不评判。"

"本来就是这样。"（这非常适合用来应对"应该"式的陈述，例如"我应该知道得更多"或"我不应该这样"。）

"没关系（微笑，只是带着善意意识到那个想法）。"

"这是困难的，记住要慈悲。爱比这个想法更深刻。"

"感受慈悲……"

"呼吸，让那个念头安歇在身体里……"

"让意识柔软地接纳这个想法……"

"要有耐心，不强求……"

"平和地与这些想法和情绪共处……"

"带着慈悲去感受这种恐惧……害怕也没关系。"

"接受失望……"

"初学者心态……"（这会很有用，特别是当我们认为"我做不到"或"我是失败者"时。）

"接受这个想法，然后放手。"

（4）带着所有的自动思维静坐片刻，不要试图修改它。注意每个想法在身体里触发的情绪和感觉。带着慈爱之心呼吸，不要评判任何想法或感受，不要情绪化地做出反应，也不要与它们抗争，同时对每个自动思维保

再见，自卑

持觉知并使用正念应对。当你从智慧心的角度观察时，留意想法或情绪的强度是否发生变化。

（5）发掘核心信念。关于令人痛苦的情境，你可以问自己一些问题，例如，"为什么它这么糟糕""这件事最糟糕的地方是什么""这对我意味着什么"以及"其中最深的痛苦或恐惧是什么"。也许是对自己能力不足的恐惧，或是感到孤独，是一种无法获得帮助的感觉，就像小时候一样。在表5-1中，你意识到电脑故障可能会使你错过最后上交期限，被老板批评，并且你的反应可能是产生自己不能胜任的想法（和感受）——这是你的核心信念。

（6）带着这些核心信念（和感受）安坐一会儿，就像你在前面的练习"与情绪为伴"中学到的那样。也就是说，在不作评判或情绪反应的情况下留意感受。将它保留在身体里，用温和的慈爱友善地浸润它，直到核心信念和相关感受的强烈程度开始缓和。记住，每个人都有尊严和不可估量的价值。

（7）利用表 5-1 重新评估最初的感受。注意这些感受的强度可能会以何种方式减弱。

请注意，基于正念的认知疗法不会改变困难情境，它只会改变我们对这种情境的反应，教会我们降低情绪反应的强度，以便我们能够发挥出最佳应对能力。

练习：时光旅行

这种策略帮助我们用爱来触动过去的自己，有助于缓和发生于很久之前的那些可能让我们产生不能胜任、被拒绝、无能为力、羞耻、孤独等感觉的痛苦经历。请为这个练习预留大约 30 分钟。

（1）在一处不受打扰的地方，以冥想的姿势静

再见，自卑

坐，双脚平放在地板上，双手舒适地放在膝盖上。脊柱挺直，像一摞金币。上半身放松而舒适地挺立，坐姿端庄，宛如雄伟的山峰。闭上双眼，让呼吸引导你安定于智慧心的宁静。

（2）想想过去的痛苦经历。将经历痛苦的自己称为"年轻的自己"，而现在的自己是"更智慧的自己"。理解慈悲的治愈力量，并且比年轻的自己拥有更多的技能和经验。

（3）想象智慧的自己回到了过去，去拜访某个创伤时期里年轻的自己。智慧的自己爱惜年轻时自己的核心价值，知道年轻自己所经历的不公或错误并不能代表她/他的核心价值。智慧的自己以友善的态度，通过外表、言谈来抚慰年轻的自己，帮助年轻的自己感到安全、受到保护和被爱。从体验的角度来看，智慧的自己感知并提供了当时年轻自己所需要的东西，无论是鼓励、人身保护、忠告、希望、拥抱、眨眼，还是言语安抚。年轻的自己接受这种善意，并被其治愈，感受治愈的过程。

练习：正念镜子

在接下来的几天里，每次你在镜子里看到自己时都要试试这个练习。带着真诚和发自内心的慈爱直接、深入地注视自己的眼睛，忽略脸上的任何皱纹或瑕疵。

如果你留意到自己眼中的压力，试着承认并

再见，自卑

理解这一点，然后让压力消散。继续注视自己的眼睛，也许带着一丝微笑、欣然接受的态度和充分的幽默感，带着慈爱抵达自我的核心价值。

治愈创伤的往往不是思想，也不是时间，而是爱。

——佚名

第 6 章

滋养快乐

再见，自卑

生活是艰难的，因此最大的挑战之一就是享受生活。培养更多的兴趣爱好，建立我们对体验快乐和掌控快乐能力的信心，可以增强自尊。为休闲娱乐活动创造空间，也是进行自我关怀的一种方式。由于自尊和幸福感密切相关，而且增加幸福感可能会增强自尊，本章将重点关注增加自己幸福感和健康福祉的方法。

虽然幸福是一种比快乐更持久、更稳定的状态，但能给人们带来健康、快乐的活动（能兼顾自己和他人的福祉且无害的活动）也是有益的。例如，研究表明，只需增加生活中的愉快事件就可以像努力消除扭曲思维一样有效地改善情绪。在探索如何增加幸福感并保持健康快乐之前，让我们先查找一下可能会破坏自身努力的因素。

有关幸福的迷思

某些其实不难被推翻的谬论似乎会降低个体享受生

活的能力。

- **我必须拥有财富才能享受生活。**一旦一个人的收入超过了贫困线，他们拥有的金钱数量与他们的幸福程度几乎没有关系。事实上，当人们进行花费不高且需要积极参与的娱乐活动时，他们往往会更快乐。因此，像看电视之类的被动式娱乐容易使人情绪低落，这不足为奇。沉浸在需要投入自身力量的活动中时，比如阅读或帮助他人，往往会带来更大的精神收益。

- **娱乐在某种程度上是不成熟或错误的。**但正如甘地所教导的那样，"腐蚀头脑的不是快乐，而是没有良知的快乐"。有益健康的快乐可以提高幸福感和生产力。

- **所有工作必须在体验快乐之前完成。**按照这个毫无逻辑的极端观点，每个人都无法体验快乐，因

再见，自卑

为总有更多的工作要做。

- **只有结果才重要，过程不重要。**过程是一段可以享受的旅程。窍门是，我们要在工作和生活的其他方面找到满足感。富有成就却缺乏乐趣的生活，对我们有什么好处呢？

- **我必须成功才有价值，我在玩耍时的价值比工作时的价值低。**这种说法错误地将市场价值等同于核心价值。无论是睡觉、玩耍还是生产，我们的核心价值都是一样的。

- **快乐会降低工作效率。**诚然，个体可能会过度享乐，也可能用它来逃避生活的责任。然而，快乐的人往往比不快乐的人更富有成效，能做出更好的决定。

- **我的错误和缺点使我不配得到快乐。**错误和缺陷使我们容易犯错，但从本质上讲，绝不能使我们不配得到快乐或毫无价值。

- **由于世间的各种忧愁和困难，我们几乎不可能快乐。**事实上，不考虑性别、种族、年龄、就业状况，甚至精神和身体状况，大多数人总体上是快乐的。

- **我必须长得有吸引力才能快乐。**幸福是一种内在的工作，和外表没有太大关系。

🔍 详尽的医学检查或心理评估

接下来，我们将讨论增加幸福感并保持健康快乐的策略。然而，一般来说，首先治疗那些会影响情绪和快乐感受能力的状况会有所助益。以下列出了其中一部分：

- **常见的精神疾病**，如抑郁、焦虑等，都与不快乐有关。有一种类型的焦虑症——创伤后应激障碍（PTSD），可由以下情境引发：虐待、性暴力、

再见，自卑

斗殴、工业或交通事故、犯罪事件、酷刑以及警务、消防等应急服务工作。

- **甲状腺功能失衡**被称为"大模仿者"[1]，因为它会导致抑郁、焦虑、经前期综合征、老年记忆丧失、胆固醇水平升高、体重增加以及许多其他影响身心的症状。

- **睡眠呼吸暂停**的特点是整夜频繁打鼾。这种情况会导致缺氧，让一个人时常感到沮丧、疲劳和性冷淡。它也是引发头痛、心脏病、高血压和中风的危险因素。

- **胆固醇升高**有时会导致抑郁症，糖尿病也是如此。

所有这些情况都可以在适当的医疗或心理帮助下得

---

[1] 因为它会与许多其他病混淆，所以被称为"大模仿者"。——编者注

到成功的治疗或控制。促甲状腺激素（TSH）测试可以
检测到常规血液测试往往会遗漏的甲状腺疾病问题。各
种压力管理策略可以与许多这类疾病的治疗结合使用。
这些策略包括腹式呼吸、系统放松法、体育锻炼、营养
保障、睡眠卫生、时间管理以及人际交往或沟通技巧。
戒烟还可以减少压力和情绪波动。创伤后应激障碍最好
由受过专门训练的创伤专家来治疗。

🔍 日常正念练习

正念帮助我们完全活在当下，而不是让我们的想法
（忧虑、计划、评判等）把我们从当下拉出来。日常正
念对我们有和正念冥想一样的好处，这就是一种平静和
喜悦（见第5章）。在接下来的几天里，请选择并用心
体验至少一项活动（请参阅下面的推荐活动列表）。当
你只是观察和享受活动中的一切时，用呼吸让想法在身
体中安定下来。当你呼吸的时候，让你自己在智慧心中

再见，自卑

安歇，感受平静和自在。也许放松地进入当下时，你会微微一笑，因为你知道每一刻都可以是平静而美丽的。当有想法闯入脑海时，你只需以一种亲切的态度注意到这个想法，并平和地让所有的注意力完全回到活动中。你只需充分体验这项活动，留意到我们在忙碌生活中经常错过的东西。慢慢来，吸收所有的感觉——味觉、视觉、嗅觉、听觉、质地——并留意身体在活动前、活动中和活动后的感觉，试着在完成活动时不关注其他任何事物。从智慧心的慈悲角度去观察。你可以从以下列表中选择要尝试的活动：

- 观察自然界中的某些事物或现象，如云、雨、星星、月亮、一朵花或者一棵树。
- 一顿大餐。
- 驾驶汽车。
- 洗车。

- 刷牙。

- 淋浴或泡澡。

- 洗手。

- 洗碗。

- 步行（体会双腿的每一种感觉，带着意识移动，感受每一次脚和地面的接触）。

- 坐在阳光下。

- 倾听他人（不评判他人，也不总想着自己要说的话。留意自己的身体感觉到了什么，自己的心里有什么，试着去分辨说话者的感受）。

- 抱小宝宝。

- 上床睡觉。

- 培养一种爱好。

- 玩儿童游戏。

- 锻炼身体。

- 听笑话或讲笑话（留意被逗笑是什么感觉）。

再见，自卑

- 即兴计划（你可以留出一天的时间来娱乐，只做大致的计划，比如去动物园或者开车穿越乡村，途中无论发生什么都尽情享受。你可以单独完成，也可以与伙伴一起完成）。

❤ 感恩

快乐的人往往心存感恩。悲观主义者倾向于看着半杯水，然后想："为什么它只有半杯？为什么不是一整杯？"快乐的人想："多么美丽、清澈的水啊。"正念再一次帮助了我们。东方灵性大师教导我们，在任何情况下都要满足，即使我们还会试图改善它。同时，对外在事物的执着会导致不快乐。如果我们渴望金钱、外貌、财产、头衔或别人对待我们的特殊方式等，这些东西就会控制我们的幸福。例如，如果你坚持要拥有一个特别有声望的职位，若你没有或得不到它，会有什么感觉？

如果你已经拥有了它，可能还是担心自己会被解雇。如果你的权威受到挑战，你可能会生气。然而，感恩让我们庆祝我们所享受的一切，既不执着于我们拥有的东西，也不执着于我们缺乏的东西。因此，不论是身在大厦或小屋，人们都可以欣赏天上的云彩。

以下是其他几种让你体验更多感恩的方法：

- 试着写感恩日记。每天记录 3~4 件你在过去 24 小时内感激的事情。大概一周之后，看看你的情绪是否有所改善。如果有的话，继续写感恩日记。
- 想想那些对你的生活产生影响的人。你可能希望通过电话或便条向这些人表示衷心的感谢。
- 最后，与朋友或爱人一起玩回忆游戏。在这里，你可以简单地说，记得我们做过这样那样的事。那很有趣，对吗？我们笑了，不是吗？

再见，自卑

一个人需要多少钱才会快乐？比他已经得到的多一点。

——约翰·洛克菲勒（John Rockefeller）

补充句子

另一种处理愉快事件的方法是补充句子。这个策略要求你尽可能快地写下回应，而不是考虑或担心答案的实用性。我们的假设是，最重要的想法已经存在于我们的内心，并会自发地出现。你可以试着和另外一个人或几个人围成一圈。每个人大声说出一句话的开头，然后用想到的第一个想法补全它。继续下去，直到关于那个句子的想法已经用完，然后继续下一个句子。如果你独自尝试这个策略，只需在一张纸上一个接一个地写下你的回答。试试补充以下这些句子：

当我还是个孩子的时候，最让我开心的是……

第6章
滋养快乐
———

我心目中的美好时光是……

我对简单快乐的理解是……

我小时候做过且仍然很喜欢的事情是……

　　这种策略是激发创造性思维的一种方式，非常有趣。一位在外交官家庭长大的男士说，他心目中的美好时光是在门廊上看报纸，这让我感到非常惊讶（不知怎的，我以为他会说去歌剧院或著名的博物馆之类的话）。当我第一次使用这个策略时，我开始思考小时候享受过且现在仍然可以享受的简单快乐，比如爬树或玩儿童游戏。所以我提议家人在家庭聚会上玩红绿灯游戏，一直玩到孩子们长大。我为无法说服成年人玩儿童游戏而感到有一点儿难过，因为我们曾有那么多爽朗的笑声。但我依然从童年回忆中找回了一些简单乐趣，比如用小时候玩的那把弓来射箭。

再见，自卑

传统

传统是一切被人们享受且重复做着的事情，让我们重温舒适和熟悉的感觉。当我们变得太忙而没有闲暇时，就会失去传统和一些人性。大多数人都有一两个宝贵的传统，其中许多值得保留或恢复。对一些人来说，这个传统可能是一个节日庆典。对另一些人来说，传统可以很简单，比如周日晚上一起共进晚餐（一位女士说，她的母亲节传统是去任意一家非快餐店的餐馆吃饭）。有些情侣把周五晚上留作约会之夜，有些家庭每周留出一个晚上一起玩游戏，讲令人振奋的故事，分享甜点。传统也可能意味着像一家人一样齐心协作，或者指定一整晚的时间与朋友共度，因为如果我们因为太忙而不能陪伴朋友，往往就会失去他们。

掌握和胜任的意象

如果你已经在生活中坚持了这么久，并设法保持了一定程度的理智，那就拍拍自己的胸脯吧。你是否记得自己在生活中的某个时刻面临挑战，即使它很困难，你也能很好地处理它。你可能会想到在学校里掌握知识难点、表演高难度的音乐作品或在体育比赛中取得好成绩、解决与他人的冲突，或者即使害怕也要坚持的事情。你还记得这种感觉有多好吗？为了生存，我们每个人都必须克服某些挑战。花一些时间来确认其中的一些时刻，把它们写在纸上。现在，花几分钟来关注这些体验中的一种，也许它会成为你感觉最好的一种。我们把其称为掌握和胜任的意象。想象自己以冥想者的姿势——双脚平放在地板上，背部舒适地挺直，双手放在膝盖上——在自己的呼吸中放松。想象这段经历的细节——你做了什么、想了什么、感觉到什么、看到什么、听到什么和意识到什么。慢慢来，回忆细节，直到记忆在你的想象中变得生动。然后将所有这些细节记录在笔记本或一张纸上（记录有助于细节变得更加生

再见，自卑

动、具体）。这是代表你能掌握和胜任的意象。因为这个意象是从你的真实生活经验中提取出来的，它能唤起你强烈的自信和满足感，这往往能取代负面情绪，增强自尊。

接下来，找出即将到来的且会引发焦虑的情境——可能是参加考试、与老板谈判加薪或处理困难的任务。将情境分解为 10~20 个步骤，从最简单的方面到最困难的方面（或者，你可以将恐惧的事情分解为 10~20 个按时间顺序排列的步骤作为你的分级系统）。完成分级后，请以冥想者的姿势坐着，想一想分级系统中最低的一级（或者第一步，如果你的分级系统是按时间顺序排列的），让自己用一颗开放的心充分感受与这一步相关的任何痛苦。放松呼吸，留意自己体内感到痛苦的地方，并带着慈悲用这个部位呼吸。现在意识到代表你能掌握和胜任的意象，充分且完整地体验这个意象的所有细节。当你在脑海中生动地看到这个意象时，想象自己能掌握和胜任的意象中的所有想法、情绪和感觉都充分渗透了分级系统中令人痛苦的情境。坚持几分钟，直到你感觉与令人痛苦的步骤相关的情绪发生了转变。

重复这个循环，接纳痛苦，然后用你能掌握和胜任的意象渗透数次，直到你觉得自己在这一步骤里的痛苦体验相对减轻了。然后前进到分级系统的下一步并重复该过程。最终，在将掌握和胜任的意象转移到分级系统的每一步之后，你会以一种更平静、更自信的方式经历令人痛苦的事件。

在时间允许的情况下，回想其他掌握和胜任的意象。在你的笔记本上描述它们，让它们成为你应对技能的一部分。

❤ 幽默感

幽默是一种被普遍欣赏的特质，并被那些坚韧的成功者们所使用。但它远远不只是讲笑话。幽默是对生

再见，自卑

活持有一种善意且有趣的视角——它愉快地把我们带回自己的智慧心，并帮助我们认识到自己并非不幸的。因此，在面对自身的错误时，幽默带来了一种关注当下且镇定的感觉。它是关于接纳、乐观且思路清晰的感觉。它使我们能够说出："你知道，我并不完美，但我比一些人想象的要好得多。"正如我认识的一位优雅的女士曾经说过的那样："我们必须嘲笑自己，因为我们有时确实会做一些荒谬的事情。"

幽默帮助我们忍耐逆境，让辛酸看起来苦乐参半，带来喜剧的调剂，让事情变得轻松。当我们越过生活的荒谬，找到一些可供消遣的东西时，就像在说："我可以找到一种方法来超越这些困难，至少暂时可以。事情本可能更糟。"

共同欢笑使人们聚在一起，也提醒我们，面对痛苦，我们并不孤单。纳粹集中营幸存者维克多·弗兰克尔在战后讲述了，两名囚犯开玩笑说，战俘营的课程可以转化到现实生活中。他们想象自己战后去参加一个晚宴，并被要求把汤从盘子底部舀出来。在那场战争中，艾琳·古特·奥普代克在一栋别墅的地下室里藏了12个犹太人，而她在楼上为一名德国少校当管家。尽管冒着生命危险，但她说，他们都觉得很有趣，甚至可笑，认为自己是从司令官的鼻子底下偷食物。幽默力量的另一个例子发生在可怕的布拉格战役中，当时德军已被包围，美国大兵设置了严格的路障。一名美国军官乘坐一辆由非裔美国人驾驶的吉普车接近路障时，恰好这名军官不知道通关暗号。当要求通过但被拒绝时，他不耐烦地伸手掏枪。8名哨兵立即拉开了步枪保险准备开火。在那个千钧一发的时刻，司机喊道："哦，伙计，你知道我们不是纳粹！"这个故事所包含的情绪和尊重表明，笑声有助于打破人们之间的隔阂，因为它打破了当时的紧张气氛。

你可能会发现，在培养幽默感时，记住以下原则会

再见，自卑

很有帮助。

- **保持幽默的神情、俏皮和好脾气，而不是敌对。**有益健康的幽默使我们能够分享生活中的共同命运和缺点。它会让我们有一种大家同在一条船上的感觉。避免讽刺和嘲笑，它们会让人产生隔阂。将幽默视为一种服务行为，如果善意地使用，可以振奋人心。

- **我们不必刻意搞笑。**只需留意或描述生活中的不协调，且有笑的勇气。

- **做你自己。**你可以放弃幽默（笑话、恶作剧、善意的取笑、可爱的昵称），或者你也可以吸收或欣赏幽默（注意到可笑的事情、对错误发笑、和别人一起笑）。你可以是低调的、严肃的，或者喧闹的。你可能会发现自己在亲密的朋友面前很有趣，但在一大群人里就不是了。所有这些方法都可以用。

- **灵活变通。**过度使用幽默可能是逃避现实和逃避真实情感的一种方式。有些时候，笑是敏感或不合适的。如果你不确定自己在特定情境下是否会使用幽默，那就询问确认一下。解释说你想让气氛轻松些，并询问你周围的人是否同意。

- **在试图搞笑之前，试着留意生活中快乐的方面。**（"你看到那美丽的月亮了吗？"）如果你能让另一个人发笑，那就是锦上添花。

🔍 对待苦难的态度

生活确实很艰难。发牢骚、抱怨、事后批评或怜悯自己、诅咒生活和指责让我们感到无力且愤怒，这只会增加我们的痛苦。那些成功地在逆境中生存下来的人会以不同的方式看待苦难。例如，战俘们学会了承认自

再见，自卑

己所遭受的内心创伤，但他们也意识到，逆境揭示了他们原本不会发现的力量。有时候，逆境告诉我们，我们可以忍受比自己想象的更多的东西，或者它迫使我们培养毅力和决心。苦难可以让我们产生更多的共情力和新的目标，激励我们去帮助别人。它也可以帮助我们欣赏生活中简单的乐趣。看着别人有尊严地忍受痛苦，可以使我们学会欣赏别人的性格。大多数坚韧的幸存者不希望重温他们生命中的困难时期，但多数人也表示，他们不会用过去的挑战来换取自己所学到的教训。与其畏畏缩缩或试图逃避痛苦，我们可以学会勇敢地迎着逆境之风，向痛苦寻求指引。

❤ 培养乐观精神

乐观是幸福、自尊和适应力的另一个相关因素。乐观主义并不是不切实际地期望一切都会好起来——那是过度自信，后者反而可能导致失望和糟糕的表现。相反，乐观是一种态度，它有助于我们认为：

● 如果我尝试，事情可能会变得尽可能好。

● 无论事情变得多么糟糕，我都能找到值得享受的
东西。

● 如果某一领域的行情不佳，其他领域的行情可能
会很好。

● "坏运气"不是永久的，所以我可以用一种开放
的初学者心态来处理事情。

以下策略可以帮助我们培养乐观情绪。

● 当事情进展不顺利时，要像乐观主义者一样思
考。乐观主义者比悲观主义者寿命更长，身心更
加健康。他们在工作中也比悲观主义者表现得
更好。悲观主义者认为：①我的核心出了问题；

再见，自卑

②事事不如意；③情况永远不会改善。相反，乐观主义者认为：①这是一个困难的局面；②我能做好其他事情；③情况可能会有所改善。

- 读一读维克多·弗兰克尔或阿瑟·阿什等人的故事，他们乐观地忍受着痛苦。

- 当境遇不顺时，做"至少"练习："我失去了家园，但至少我还有家人""我丢了工作，但至少不用再忍受老板了""从这次逆境中，我至少学到了我可以忍受巨大的困难"（最后一个例子展示了"幸存者的骄傲"，即一个人从忍受悲痛或苦难中获得的信心和力量）。

第 7 章

欣赏你的身体

再见，自卑

当你照镜子时，是否留意过自己所看到的？你看待自己的总体形象和颜值时的态度是亲切友善的，还是始终更关注容貌缺陷呢？前一种看法会带来满足感，而后一种则会让你感到失望。

身体是我们的外在。我们的核心价值与体重、外貌或健康状况无关（尽管社会文化可能会让我们不这么认为）。然而，我们体验自己身体的方式通常与体验核心价值的方式相对应。如果我们因为自己眼中的某些缺陷而不接纳自己的身体，也可能会因为一些当下的不完美而谴责自己的核心价值。如果我们的身体被虐待、嘲笑或辱骂，我们可能会带着羞耻感去体验自己的身体。推而广之，这种羞耻感可能会蔓延到核心价值。然而，我们可以学着以更大的欣赏和满足感来体验自己的身体。这反过来帮助我们对自己的内在自我采取一种更接受的态度。

媒体可能会让我们相信，如果一个人的身体不完

第7章

欣赏你的身体

———

美，他就不可能快乐。然而，20/20Downtown[①]节目里出现了一个关于凯文·米勒（Kevin Miller）的有趣故事，他是一位受人爱戴的音乐教师，体重却有约272千克。在妻子的帮助下，米勒了解到人的价值在于自己的内心。于是在每天努力控制体重的同时，他学会了接受自己。结果，他的学生们学会了透过表面现象看本质。同样，当因主演《超人》而出名的克里斯托弗·里夫（Christopher Reeve）瘫痪时，他的妻子告诉他，如果他想结束自己的生命，她会理解，但她仍然爱他，并且希望他能选择活下去。他的孩子理解核心价值和外在价值之间的区别，于是他说父亲无法再奔跑，但仍可以微笑。因此，尽管身体有缺陷，但不可估量的核心价值依然存在。正如我们可以学会接受自己的核心价值不同于与我们的外在，我们也可以学会欣赏自己的身体，尽

———————————

① 美国 ABC 电视新闻频道的一档 60 分钟纪实类节目。——译者注

再见，自卑

管它们并不完美。现在我们就来看看要如何才能做到这一点。

认识人体的壮美

领略一座山峰的壮美，以及一片麦田、一座高楼、一片夕阳下的海洋、一匹在平原上飞驰的骏马、一朵花或一颗果实之美，都很容易。接下来让我们也花些时间来认真审视一下身体惊人的复杂性。

我们的每一个细胞都包含着能产生体内所有细胞的基因序列。遗传密码中包含数十亿个脱氧核糖核酸，如果把它们拉成一条线，长度将超过 5 英尺[①]。然而，该代码在每个细胞的细胞核内仅盘绕到 1/2500 英寸[②]的长度。从这个统一的基因蓝图开始，细胞分裂并特化，例

---

① 1 英尺约等于 30.48 厘米。——编者注

② 1 英寸约等于 2.54 厘米。——译者注

如一些细胞成为心脏细胞，另一些成为眼睛、神经或骨骼细胞，等等。人体内有数万亿个细胞，每秒钟有数百万个细胞被替换，如果首尾相连，这些细胞将延伸超过100万英里[①]。人体的血管延伸超过75000英里。心脏由两个肌肉泵组成，一个足够强大，可以让血液在长达数英里的血管中流动；另一个足够温和，可以让血液在肺部流动，而不会使肺部脆弱的肺泡破裂。心脏的重量仅有11盎司[②]，不知疲倦地跳动着，每天输送的血液足以装满几节火车车厢。心脏瓣膜薄如蝉翼，在我们的一生中通常都能完美无误地工作，从不停歇。

人体的206块骨头，每一块都比同等重量的钢铁或钢筋混凝土更坚固。我们的拇指关节需要来自大脑的数千条信息来指导其复杂的运动，现有的科学水平仍无法

[①]　1英里约等于1.61千米。——译者注

[②]　1盎司约等于28.35克。——译者注

再见，自卑

复制出它的耐用性和灵活性。

眼睛、耳朵和鼻子里复杂的神经回路使我们能够辨别成千上万种颜色、倾听声音和嗅闻气味，而耳朵和大脑则协同工作来检测最轻微的姿势不平衡。在表皮下，指甲大小的区域包含数百个用于检测触觉、温度和疼痛的神经末梢，有几十个用来冷却身体的汗腺，还有大量用来抵御太阳光线的黑色素细胞。皮肤可以察觉并区分拥抱、按摩或微风的感觉，提高我们感受愉悦的能力。

人体的免疫系统比最精密的军队还要复杂。含有盐分的弱酸性皮肤可以防止许多杂质进入体内。鼻子、气道和肺共同过滤、加湿并调节所进入空气的温度。鼻腔里的溶菌酶和胃里的酸性液体消灭了强大的外来微生物，而数十亿个专门的白细胞一起工作来中和进入人体的微生物。白细胞会标记它们遇到的微生物，这样就可以在未来有效地消灭这些微生物。

免疫系统是由大脑调节的，神经与激素在这里进行复杂的交互。感受正面情绪，比如爱和希望有时会增强免疫系统。大脑重3磅[①]，包含1000亿个神经细胞，比任何计算机都复杂。大脑持续监测身体，然后对体温、血糖、体液平衡和血压启动必要的调整。除了进行逻辑思考，大脑还让我们能够识别出特征各异的面孔，理解微妙的面部和声音情绪表达，在我们受到威胁时动员身体开启战斗或逃跑模式，记住至关重要的教训，并设定目标。

最后，身体还能够将摄入的食物转化为所需的能量，并且具有非凡的自我修复能力。

练习：欣赏自己身体的一项简单练习

尽可能多地站在镜子前或直接观察自己的身

---

① 1磅约等于0.45千克。——编者注

再见，自卑

体。与其去注意哪里不对劲（比如瑕疵、眼袋或皱纹），不如注意哪是令人满意的、哪些对身体是有效的。留意自己的头发、干净的皮肤、站立和移动的能力，或者眼睛的颜色。想想前面提及的这些神奇之处。如果你觉得有些犯难，只需移动一下拇指，就会留意到它令人惊叹的复杂构造及其动作的多变。然后将这种觉知扩展到身体的其他奇妙之处，包括外部和内部的。

练习：身体欣赏冥想

杰克·坎菲尔德（Jack Canfield）在 1985 年

发明了这种冥想，是一种非常有效的培养身体欣赏能力的方法。每天练习一次，每次大约 30 分钟，反复练习尤其有效。选择一个舒适的地方坐下或躺下，在那里，你不会被打扰。自己慢慢朗读或让别人读给你听，又或者录音，然后回放。

欢迎你。请选择一个舒适的姿势，可以坐在椅子上，也可以躺在地板或床上。花些时间让自己舒服一点儿。现在你开始意识到自己的身体……你可能希望伸展身体的各个部位……你的胳膊、腿、脖子或者后背……只是为了提高你对自己身体的觉察。现在开始做几次更深、更长、更慢的呼吸……用鼻子吸气，用嘴呼气，如果你能做到的话，继续做深长而缓慢、有节奏的呼吸……

现在，让我们花一些时间来关注和欣赏自己的

再见，自卑

身体。感受空气进出肺部，带给你生命的能量。要意识到肺部在持续呼吸，即使是在你没有意识到它的时候……一直呼吸着，整日整夜，甚至在你睡觉的时候……吸入氧气、吸入新鲜纯净的空气，呼出废气，清洁并修复整个身体，不断流入和流出空气……像海洋一样，如同潮水的涨落。所以现在，请给自己的肺部送去一道美丽、明亮的光和爱意，并意识到自从你吸入第一口空气，它就一直在为你服务。无论我们做什么，肺部仍然整日不停地呼吸。现在请留意你的横膈膜，那是肺部下方的肌肉，它上下移动，不断地帮助肺部呼吸……请把光亮和爱意送到你的横膈膜上。

现在请留意你的心脏。感受它、欣赏它。心脏是一个有生命力的奇迹。它不停地跳动，从不要求任何东西，一块不知疲倦的肌肉继续不断地为你服务……将赋予生命的营养物质输送到全身的每一个细胞。这是一件多么美丽而强大的乐器！日复一日，心脏一直在跳动。所以请想象自己的心被白色的光亮和温暖包围的画面，然后默默地对心脏说："我爱你，我欣赏你。"

然后，要意识到自己的血液是通过心脏输送的。它是你身体的生命之河。数以百万计的血细胞……红细胞和白细胞……抗凝血剂和抗体……流淌在你的血液里，抵抗疾病，为你提供免疫力和疗愈……将氧气从肺部输送到身体的每一个细胞……从头到脚。感觉血液在你的静脉和动脉中流动……并用白色光亮包围所有静脉和动脉。看到它在血液中跳舞，仿佛它给每个细胞带来了欢乐

再见，自卑

和爱。

　　现在留意自己的胸部和胸腔。你可以感觉到它随着你的呼吸而起伏……你的胸腔保护着身体里所有的器官……保护心脏和肺部……保护它们的安全。所以，请允许自己把爱和光亮送到那些构成你胸腔的骨头上。然后留意你的胃、肠、肾和肝脏。身体里的所有器官都帮助你将摄入的食物进行消化，为身体提供营养……平衡和净化你的血液……你的肾脏和膀胱。想象你的整个身体从脖子到腰部都被白光包围。

　　然后留意自己的双腿……你的双腿让你可以行走、奔跑、跳舞和跳跃。它们让你站立、前进、奔跑，让自己兴奋得喘不过气来。请欣赏自己的双腿，感受它们被白光包围。看到腿上所有的肌肉和骨骼都充满了光芒四射的白光……对自己的腿说："我爱你，双腿，我感谢你所做的一切。"然后留意你的脚部。它们让你在行走时保持平衡，让你能够攀登和奔跑……它们每天都在支撑你……所以，感谢你的脚在那里支撑你。

然后留意自己的手臂。你的手臂也是奇迹，还有你的手。想想你能用自己的手和手臂做的所有事情。你可以书写和打字……可以伸手触摸东西。你可以把东西拿起来使用，可以把食物送到嘴里。你可以把不想要的东西收起来，可以抓痒、翻书、做饭、开车、给别人按摩、挠别人痒痒、保护自己，或者给别人一个拥抱。你可以接触世界并和他人建立联系。所以，看着你的手臂和手掌被白色光亮包围，把你的爱送给他们。

再见，自卑

　　然后让自己为拥有这副躯体而感恩，你可以每天使用的这副身躯，它会感知你的经历，陪伴你成长和学习。

　　然后，留意自己的脊柱，它能让你站直……它为你的整个身体提供了一个结构……为你的神经提供保护，从你的大脑到脊柱，再到身体的其他部分。想象看到你的脊柱浮现一道金色的光，从脊椎底部的骨盆……沿着一节节椎骨，移动到你的脊柱上，一直到你的脖子……再到你的脊椎顶部和头骨连接的地方……让金色的光涌进你的大脑。然后留意声带……它们让你能说话、被倾听、交流、被理解、唱歌、吟诵、祈祷、欢呼、兴奋地叫喊……表达感受、大声哭泣，分享你内心深处的想法和梦想。

　　然后，留意到你的左脑，大脑中负责分析和计算的部分，能解决问题和计划未来，能进行推理、推论和归纳……请欣赏自己的智力为你提供的一切……想象看到大脑的左边充满了金色和白色的光……闪烁的小星星，看着白光净化、唤醒、爱和滋养大脑的那一部分……然后让光开始从你的左脑经脑桥涌向右脑……大脑中让你产生感觉的部分，有情绪、有直觉、有梦想……去做白日梦、去想象、去创造、去与更高的智慧对话……大脑中使你能写诗和画画的部分……欣赏艺术和音乐。想象看到大脑的那一部分充满了白色和金色的光。

　　然后感觉光线沿着神经涌进你的眼睛……看到并感觉到你的眼睛充满了那种光线，意识到眼睛让你感知到的美——花朵、日落和美丽的人——一切

再见，自卑

你能用眼睛欣赏的东西。

　　然后留意到你的鼻子。它能让你闻到、呼吸到……生命中所有美妙的气味……美丽的花香和所有你喜爱的食物。

　　现在留意你的耳朵……它们让你听到音乐、风声、海浪的声音、鸟儿的歌唱……听到"我爱你"这句话……参与讨论时倾听他人的想法，让理解得以实现。

　　现在感觉你身体的每一部分，从头到脚，都被你自己的爱和光所包围……现在，花点儿时间，让你为自己对身体所做的一切道歉……当你对它不好的时候、当你没有用爱去关心它的时候、当你没有听从它的时候……当你摄入了太多的食物、酒精或药物的时候……在你忙得没时间吃饭、没时间锻炼的时候……太忙了，没时间按摩或洗个热水澡……
每当你的身体想要被拥抱或触摸时，你就会退缩。
再一次感受你的身体……看到自己被光包围……现
在让那道光开始从你的身体向外扩展……扩散到周
围，填满你周围的空间。

　　现在开始慢慢地把光带回身体，非常缓慢地
带回你的身体，就在此刻体验，此刻，充满光，充
满对自己身体的爱和欣赏……当你准备好的时候，
开始让自己伸展，感觉到意识和活力回到你的身
体……当你准备好的时候，可以慢慢坐起来，重新
适应房间里的环境，睁开你的眼睛，花尽可能多的
时间来完成这个过渡。

第 8 章

养身以养心

再见，自卑

因为精神和身体是相互联系的，照顾身体是加强心理健康和自尊的一种途径。更重要的是，如果我们忽视身体健康，就不能指望能保持良好的心理状态。好的方面是：①我们现在懂得如何改善身体健康状态；②实现这一目标所需的时间、金钱和精力的投入并不过分。身体健康就像三条腿的凳子，少了一条腿就会倒下。身体健康的三条腿是睡眠、运动锻炼和营养。

睡眠

尽管我们一生中有三分之一的时间是在床上度过的，但直到最近[①]人们才开始认真研究睡眠。睡眠不足已经变得越来越普遍。现在我们知道，睡眠不足会对情绪、免疫力、胰岛素抵抗、应激激素水平、心脏病发病率、能量水平、体重指数、记忆力、交通安全以及工作

---

① 指本书写作时，即 2007 年。——编者注

和运动表现产生不利影响。

　　良好的睡眠需要满足两个因素。第一个必要因素是睡眠时间。大多数成年人每晚需要 8 小时以上的睡眠才能达到最佳状态，但一般成年人的睡眠时间不到 7 小时，而且积累的睡眠债每周超过 24 小时。仅仅是一夜好眠并不足以偿还这笔睡眠债，反而会让人第二天更加昏昏欲睡。你可以通过在几周内每晚尽可能长时间的睡眠来确定你的睡眠需求，直到你的睡眠水平达到稳定的小时数。这就是你需要的睡眠时长。或者，假设你每晚需要 8.25 小时的睡眠，如果你连续几周睡这么长时间后还是感到昏昏欲睡，那就再睡 20 分钟或更长时间。

　　良好睡眠的第二个必要因素是规律。大脑调节睡眠节奏，而睡眠节奏会随着年龄的增长而减弱。为了保持规律的睡眠周期，我们需要有规律的起床和休息时间。成年人通常会在工作日削减睡眠时间，然后设法在周末

再见，自卑

弥补缺失的睡眠，但这扰乱了睡眠周期，往往会导致失眠和白天困倦。尽量每天在同一时间就寝和起床，甚至周末也是如此，相邻两天的作息时间变化不应超过 1 小时。如果可能的话，避免夜间轮班工作，因为这会导致许多疾病的发病率升高及寿命缩短。如果你的轮班时间没有规律，看看你的主管是否会同意让你从较早的班次换到较晚的班次（比起早睡，大脑更能适应晚睡）。尽可能长时间地停留在每个新的轮班上，让大脑适应变化。例如，你可以尝试先选上午 9 点到下午 5 点的班次。然后轮换为下午 5 点到凌晨 1 点，最后换到凌晨 1 点到早上 9 点。理想情况下，让每个班次维持数周甚至数月不变。

有助于一夜好眠的方法包括：

- **接受医学体检**，以排除和 / 或诊断可能影响睡眠或导致日间疲劳的情况，包括甲状腺疾病、糖尿病、贫血、磨牙症、换气过度、胃食管反流或睡眠障碍。如果怀疑是睡眠呼吸暂停（或其他睡眠障碍），则需要请医生进行夜间睡眠研究，以便对其进行评估。呼吸暂停会导致白天嗜睡、抑郁和一系列其他疾病症状，但它可以得到有效治疗。

- **治疗临床抑郁、焦虑或暴怒问题**，所有这些症状都会降低睡眠质量。如果你反复做噩梦，试着在日记中描述噩梦。然后写下一个不同的结局——任何一个你想要的。每天花几分钟在心里排练新的梦境和结局。

- **营造最佳睡眠环境**。让房间完全黑暗——盖住任何会发光的物品，比如时钟、收音机，并确保早晨的阳光不会透过窗帘。尽量减少噪声（可使用耳塞）和室内活动（让宠物离开卧室）。保持一个安静、舒缓的睡眠环境，并且只在卧室里进行

再见，自卑

适合放松的活动。在家里的其他区域付账单、看电视、学习、打电话，而不是你的卧室。

- **如果你觉得需要午睡，那就坚持午饭后快些午睡。**这是一些文化推崇的午睡时间，此时体温下降。因个体差异较大，推荐午睡时长为 15~120 分钟。如果午睡似乎让你晚上难以入睡，那就尽量避免午睡以维护夜间睡眠。

- **运动减肥。**只要减重几磅就可以减少打鼾，并且会减少白天的头痛。试着在晚餐前锻炼，以便让你的身体在睡觉前有时间放松。锻炼也许是缩短入睡时间、提高睡眠质量、增加睡眠时长和减少夜间觉醒的最有效方法，即使在老年群体中也是如此。

- **减少或杜绝摄入咖啡因、尼古丁和酒精。**这些物质会干扰人们的睡眠，即使他们没有意识到。尽量从就寝前 4~6 小时开始避免摄入这些物质。

● **就寝前放松。**试着吃一些含有色氨酸的食物（如奶酪饼干、甜酸奶、火鸡肉、香蕉、燕麦片、鸡蛋或少量杏仁）。早点儿吃晚饭，清淡饮食，要有一小份蛋白质，以防止夜间饥饿而醒来。在就寝前至少 1 小时写下你的忧虑和 / 或第二天的计划安排。把灯光调到最暗，或者使用夜灯，让你的大脑放松下来（强光会让大脑保持清醒）。至少在睡觉前 1 小时关掉手机和电视，然后在你感到困的时候入睡，而不是按闹钟设置的时间。提前一两个小时泡个热水澡可以促进睡眠。

● **不要依赖安眠药。**依靠良好的睡眠卫生习惯和技能来减少压力及焦虑，这样改善睡眠没有任何副作用。有效的睡眠计划能促进形成规律的睡眠时间，如果你在就寝之后超过 30 分钟还没睡着，就起床做一些不刺激的事情，直到你准备好再次

再见，自卑

尝试入睡。减少夜间的液体摄入，练习放松和腹式呼吸，减少灾难性的想法（如"如果我睡不着就糟了"）。正如一位导师所教导的："累了就睡。"记住，即使每晚多睡 20 分钟，也能显著改善情绪和工作表现。

🔍 运动锻炼

数十项研究揭示了运动锻炼和自尊之间的联系。体育活动还可以使思维敏捷、改善情绪、提高能量水平、对抗衰老，并有助于预防一系列医学疾病。有运动指南要求人们每天至少运动 30 分钟，最好是每天都运动。如果一个人试图保持身材或变得苗条，那么每日运动时间要增加到 60~90 分钟。近些年国家建议的运动时间比以前要长得多，因为这个国家的人民已经变得经常久坐不动。要达到这样的运动量，其实不像一开始看起来那么困难。例如，一个人可以在大多数日子里进行适度的有氧运动，如步行（或游泳、慢跑、骑自行车、走楼梯或打太极）至少 30 分钟。如果可以的话，每周再进行至少 3 次锻炼肌肉力量和耐力的运动，作为有氧运动的补充。例如，在 10~15 分钟内，你可以每组重复做 10 个动作，如举重（要有足够的重量导致中度疲劳）、阻力带练习、俯卧撑或腹部仰卧起坐。可以添加伸展和柔韧性练习，如舒缓的瑜伽动作，可与阻力练习交替进行。

以下是一些有助于培养运动习惯的秘籍：

● 最能从健身中获益的通常是以前久坐不动的人。然而，对你来说，重要的是要有合理的期望，缓慢地开始并循序渐进。如果你一开始就练过头，将不太可能坚持下去。花几个月的时间来达到你想要的运动水平，你的目标是在运动后感到精神

焕发，而不是筋疲力尽或疼痛。

- 如果你的年龄超过 40 岁或有健康问题，如糖尿病或心脏病等风险因素，请先与医生讨论你的运动计划并进行体检。

- 如果你不能一次完成计划内的所有运动，那就在日常生活中增加少量的运动。试着每隔 90 分钟离开你的办公桌进行 10 分钟的能量散步。走楼梯而不是坐电梯，或者把车停在离办公室较远的地方，这样你就可以走更多的路。当你看电视的时候，你可以做一些轻量级阻力或柔韧性练习。

- 当你开始运动之后，如果你增加了一些肌肉重量，不要气馁。肌肉比脂肪重，但它燃烧热量的效率比脂肪高得多，所以当你继续锻炼时，你会变得更瘦。

🔍 营养

除了不运动，暴饮暴食也与我们日益增长的肥胖流行病及许多其他疾病有关。但健康的饮食可以改善情绪、工作表现和能量水平，同时帮助我们保持苗条。

美国居民膳食指南的建议同将营养与健康联系起来的大量研究结论一致。以下是美国农业部（2005年）为健康饮食提供的每日摄入量指南（假设个体每天摄入的总热量约为 8.37 千焦，这是对大多数成年人来说健康的大致摄入量）。

水果。总共 2 杯新鲜、冷冻或罐装水果。

蔬菜。总共 2 杯半切碎的生或熟蔬菜（豆类，如黑豆、鹰嘴豆、大豆／豆腐／扁豆），可计入此类或肉类，但不要两个组中都算。

谷物。总共相当于 6 盎司当量，其中 1 片面包是 1

再见，自卑

盎司；¼~½ 杯干谷物；半杯煮熟的米饭、面食或谷类食品，3 杯爆米花。

瘦肉和豆类。总共 5 杯半盎司当量，其中 1 盎司当量为 1 盎司熟鱼、家禽、瘦肉；一个鸡蛋；¼ 杯煮熟的干豆 / 大豆 / 豆腐；花生酱 1 大勺；半盎司坚果或种子。

奶类。总共 3 杯，其中 1 杯相当于 1 杯低脂或脱脂牛奶或酸奶；0.5 盎司低脂或脱脂的天然奶酪；2 盎司低脂或脱脂加工奶酪。

油脂类。相当于总共 6 茶匙，其中 1 茶匙当量是 1 茶匙植物油或软人造黄油；低脂蛋黄酱 1 大勺；2 汤匙清淡的沙拉酱。

快速浏览一下这些指南就会发现，最佳饮食计划中的大部分热量来源是植物。植物性食物提供纤维、维生素、矿物质、抗氧化剂和植物素，这些对身心健康都至关重要。每天要吃各种不同颜色的水果和蔬菜。一般来说，颜色越深越浓，植物所含的营养成分就越多。因此，要多选择红色、橙色、黄色和深绿色的植物性食物。健康饮食中的大部分或所有谷物应该来自全谷物（如燕麦片、全麦、干小麦、藜麦、糙米或爆米花）。要争取几乎每天都食用一些坚果和 / 或豆类。虽然坚果的热量很高，但它们含有许多重要的营养物质，包括健康脂肪，而且已被证实对健康有很多好处。一盎司坚果的分量大致是一小把。

鱼和植物油中含有人体所需的不饱和脂肪，其中橄榄油和菜籽油是最有益的植物油之一。尽量避免"反式"或氢化脂肪，这些脂肪存在于工业制成的零食、烘焙食品、烘焙混合物、人造黄油和油炸快餐中。此外，还要尽量避免摄入过量的动物脂肪。

如果我们每天都关注如何获取所需的营养，那就更不需要担心应该避免吃什么了，部分原因是我们不会那么饿。例如，植物性食物中的纤维往往能保持血糖水平

再见，自卑

稳定，从而有助于缓解饥饿感。食用水分和 / 或纤维含量高、脂肪含量低的食物，包括水果、蔬菜、汤、全谷物、豆类和低脂乳制品，这些高质量、低能量密度的食物能让我们摄入更少的热量。少吃固体零食（例如椒盐卷饼、薯片、曲奇），以及炸薯条、百吉饼、奶酪、培根和奶油酱汁。

以下是其他一些有用的诀窍：

- 每天摄入的热量尽量不要低于 6.69 千焦，否则可能会剥夺你所需的营养，同时减缓你的新陈代谢，加速体重增加，特别是如果你不锻炼的话。
- 每天摄取大量的水，因为这有助于减轻食欲和疲劳感。水分可以从我们摄入的食物和饮料中获得。然而，你需要控制甜味饮料的摄入量，因为每天喝一罐汽水可能会有每年增加约 16 磅体重的风险。

- 研究发现，成功的节食者每天都吃早餐，并且吃 4~5 顿小餐。他们还倾向于遵循低脂肪和低热量的膳食，大部分热量来自复合碳水化合物（换句话说，来自未精制的植物成分）。尽量减少精制碳水化合物的摄入，比如糖果、含糖汽水、高果糖玉米糖浆和白面包。

- 自己做饭，尽量避免吃餐馆里的食物。这将帮助你控制食物的分量，以及添加的脂肪、盐和糖。如果你点了甜点，可以和他人分享。由于餐馆饭菜的分量通常比在家里吃的分量多几倍，所以可以把多的部分饭菜打包回家下次吃。

- 如果你想减肥，要循序渐进（也许每周减 0.2~0.9 千克）。将适度运动与精心选择食物的种类和分量相结合。

这些指导方针的效果如何？日本冲绳人以健康长

寿而闻名，研究人员对他们进行了研究。冲绳人的饮食通常遵循之前我们讨论过的指导方针。他们平均每天吃 7 份蔬菜、3 份水果和 7 份全谷物。按重量计算，他们的主要饮食中有 72% 来自植物性食物、11% 来自鱼类，只有 3% 来自动物产品（肉类、家禽和蛋类）。总体而言，这种饮食习惯使脂肪、盐和糖含量低，复合碳水化合物含量高。他们在 80% 的饱腹感时停止进食，平均每天摄入约 7.53 千焦。而相比之下，美国人平均每天摄入约 10.46 千焦。冲绳的老年人保持着身体和精神上的活跃，而且睡午觉。不幸的是，随着快餐和现代生活方式被融入冲绳文化，冲绳岛居民在健康方面的优势在减少。

第 9 章

培养你的
品性和灵性

再见，自卑

自尊和幸福一样，需从内在培养。这个过程得益于持续的精神滋养和建设性的努力。这是一种共同的信念，我们生来就有一种向上的能力，渴望成长和进步并发挥我们的潜力，而且当我们这样做的时候，自己的感觉会更好。这一章将探索充实内在的途径，借鉴不同文化和精神传统中常见的主题。

❤ 发展品性

品性是一个人的道德或内在力量。有道德的生活既不复杂也不是专属状态，它不是只属于任何特定群体的领域。道德行为仅仅是良好、得体、符合自己和他人最大利益的行为。尽管有压力，但有品性的人会努力忠于自己的道德标准。道德既包括避免错误，也包括遵循正道行事，即使我们遭受了不公。日本驻立陶宛大使馆领事杉原千云冒着职业生涯和生命安全的巨大风险，公然违抗日本政府，大量签发过境签证，从纳粹手中拯救了

6000 多名逃难的犹太人。战争结束后，他被欧洲人监禁，又被日本政府解除了职务。作为一名被教导要帮助弱者的武士，杉原和他的妻子决定只遵循自己的良知，仅仅是因为他们认为那样做是对的。维克多·弗兰克尔观察到，第二次世界大战集中营中的许多囚犯变得像动物一样，但仍有一些人表现出了超乎我们想象的最高品格。他说，每个人都可以选择更好的道路。

道德不是被强迫的，而是自由选择。我们可以总结一下我们对品性的了解。

- 与几十年前的人相比，今天的人不太关心道德生活。研究表明，如今许多人经常撒谎，并在工作中作弊。
- 道德缺陷会对我们的心理健康产生负面影响。也就是说，当我们背叛了对自己很重要的价值观时，我们的内在体验就会受损。

再见，自卑

- 致力于道德生活可以建立自尊和相关特质，如良知的安宁、自尊、自我信任、自信、对生活的满意以及健康的自豪感和尊严。事实上，"正直"这个词意味着一种整体感。

- 有道德的人心中少有恐惧，更不会受到他人和自己的谴责。他们更有可能受到他人的重视，特别是如果他们不随意评判他人。在道德带来的良知安宁中，我们可以看到自身智慧的反映。

- 荣格说，没有自由就没有道德。我们也可以反过来说，没有道德，就没有内心的自由。也就是说，如果没有道德，我们很容易执着于侵略、自我、贪婪或欲望。道德的根源是爱以及与自己和他人和谐相处的愿望。对自己的爱、对所有生命的关心，以及让世界变得更美好的愿望，导致了道德行为。正如智者所教导的，如果我们真正爱自己，我们就不会伤害别人，因为伤害别人会破坏我们自己的安宁。一个人可以在不踩踏别人的情况下为个人目标而奋斗——相反，我们可以一边攀登一边尝试帮助别人。

● 品性需要坚持练习。正如钱伯斯（Chambers）所说，我们不能在给道德放假的同时仍然拥有道德。

迪恩·约翰·伯特（Dean John Burt）认为，自尊需要道德上的自我认可。如果一个人伤害了自己或他人，就很难认可自己，所以谨慎的做法是避免伤害，并为自己和他人寻求好处。进一步说，中立行为可能会给自己贴上"无足轻重"的标签，因此积极努力行善也是明智的。

反思

我们可以借鉴各种文化中的反思，思考以下问题：

"幸福不在于消遣和娱乐，而在于高尚的行为。"

再见，自卑

（亚里士多德）

"除了你自己，没有什么能给你带来平静。除了真理的胜利，没有什么能给你带来和平。"（拉尔夫·沃尔多·埃莫森）

"品性无法在轻松和安定中发展。只有历经试炼和苦难，灵魂才能变得坚强，雄心才能被激发，成功才能实现。"（海伦·凯勒）

"银币和金币并不是唯一的钱币，美德也在全世界通行。"（欧里庇得斯）

"人的尊严……只有在道德领域才能实现，而道德成就是由我们的行为受共情和爱的支配程度来决定的，而不是贪婪和侵略性。"（阿诺德·J.汤因比）

"品格就是力量。"（布克·T.华盛顿）

"哦，当我们第一次练习欺骗时，编织了一张多么棘手的网。"（沃尔特·斯科特爵士）

"只要听从自己的良知，我就会感到平静。"（蒂

姆·布兰切特）

　　然后，你可以思考托马斯·G.普兰特提出的以下问题：

- 你会信任一家欺骗过你或尝试欺骗你的企业吗？

- 你会说"善意的谎言"吗？

- 在发现你撒谎后，还会有人信任你吗？

- 什么时候有必要撒谎来牺牲你的诚信？如果你诚实而委婉地回答了"这看起来怎么样"这样的问题，与你交谈的人会因此而受到不可挽回的伤害吗？或者，听到"我不认为那个颜色适合你"的人，将来可能会更相信你的观点吗？从长远来看，说"我下班路上去喝了一杯"（即使这可能需要道歉或解释），是否比撒谎说"我工作到很晚"更明智？

- 当你做正确的事时，你是否更相信自己？

再见，自卑

● 如果你始终诚实，更经常地做正确的事情，你的
  内心会感到更有满足感吗？

练习：善良品性清单

　　某些道德在几乎所有社会和文化中都受到重
视。道德发展并不需要强加他人的价值观，而要致
力于那些我们自己渴望的价值，因为它们符合我们
自己和他人的最大利益。以下是一份通常被看重的
品性优点清单。请冷静地完成这个练习，不要评判
或谴责自己。

　　（1）从 0 到 10，对你显示出的以下每项品性优
势的程度进行评级，其中 0 表示你从未展现过该优
势，10 表示你最大限度地展现了该优势。

第9章
培养你的品性和灵性

——

____诚实、可信

____公平

____尊重自我

____尊重他人

____正义

____宽容、接受差异

____礼貌

____服务、利他主义、慷慨、提升他人

____荣誉、正直

____守时（不让人久等）

____忠诚、忠实

____保持自信的能力

____责任、可靠、值得信赖（行事符合期望，使命必达）

再见，自卑

_____勇气

_____节制（避免过度消费、赌博、饮食、滥用药物等）

_____环境保护（回收利用、节约能源、限制汽油使用、不乱扔垃圾等）

_____关心、善良、体贴、周到（考虑自己的行为对他人的影响）

_____谦虚

_____谦卑

_____性礼仪（尊重伴侣，不剥削或操纵伴侣）

_____机智

_____无害（不在言语或身体上伤害他人）

（2）圈出你希望进一步发展的优势。

（3）选择两个或三个对你来说最重要的优势。

然后考虑以下几点：

想想在你年少时，遇到涉及这些品性的情境，你都正直行事，感觉如何？

因为这些优势，你的良知是否安宁？如果不是，你要怎样做才能实现这种安宁？

（4）从这些品性优势中选择一个，并在接下来的一个月中练习它，致力于完成这个计划。现在以循序渐进的方式练习，将来你就能在遇到困难时拥有运用这些品性的力量。

（5）在接下来的几个月里，以类似的方式，致力于培养更多的品性优势，一次一个。

莎伦·萨尔茨伯格建议遵守至少5条基本戒律，这些戒律可能有助于我们逐渐培养品性优势，如避免说谎（和使用刻薄的言语）、偷窃（拿走别人没

再见，自卑

有给出的东西）、杀戮或肢体暴力、性暴力和醉酒
（使我们无法控制自己的行为）。

> 为什么你会急着移除任何伤害自己眼睛的东西，而
> 当有什么东西影响了你的灵魂时，你却把修复推迟到
> 明年？
>
> ——霍勒斯

♥ 宽恕自己

人性呈现出两难的困境。当我们体面、建设性地生
活时，我们当然会自我感觉更好。然而，我们是人，这
意味着我们不会完美，不可避免地会做出不光彩和没有
建设性的选择，有时会做出伤害自己和他人的事情。换

第9章
培养你的品性和灵性
——

句话说，当我们的行为达不到理想时，我们就会犯错误。如果我们执着于这些失误，并得出认为自己无可救药的结论，我们的自尊和改进的动力就会受到影响。自我原谅让我们走出困境，宽恕帮助我们快乐地重新开始，尽管我们犯了错误。以前，宽恕只被认为对心灵安宁很重要。然而，最近的研究表明，宽恕也会带来多种心理和医学上的益处。正如你将在下面的故事中看到的，它还会有其他的好处。

一位老妇人在购物后从超市返回她的面包车。当她走近面包车时，看到车里有 4 个年轻人。于是她放下包，从手提袋里掏出一把枪，喊道："我有枪，我知道怎么用。"年轻人迅速跑开了。老太太上了车，但由于手抖得厉害，她无法将车钥匙插入钥匙孔打火。最后当她冷静下来时，才意识到自己上错了车。她马上下了车，找到了自己的车，就停在附近。她感到非常难过，于是开车去了警察局，向警察解释了她所做的一切，并

195

再见，自卑

一再道歉。警察笑着说："没关系，女士。"你看到那边的 4 个年轻人了吗？他们刚刚报案说，他们被一个疯狂的灰发女士用枪指着搭讪。最后年轻人撤销了指控。有时候，我们只是试图渡过难关，在许多令人困惑的事件和选择中挣扎时，我们做了错误的事情。当这种情况发生时，宽恕是有益的。

什么是宽恕

宽恕意味着选择放下怨恨、愤怒、痛苦、仇恨，以及惩罚或报复过去的罪行或不法行为的欲望。即使冒犯者不配被宽恕，我们也可以选择宽恕。

为什么要这么做？宽恕是为了化解对过去的执念。尽管生活中被冒犯的经历早已过去，但我们往往还在与不快的回忆纠缠，这成为一种负担，压得我们喘不过气来，阻止我们继续前进。在战争中，我们会审判作恶者的恶行。我们会计划着如何报复或惩罚冒犯者。因为宽恕，我们退出了争斗。我们从过去中解脱出来，意识到惩罚、报复和评判并不能治愈创伤。我们不再坚持要改变过去才能再次快乐，而是为自己现在的快乐负责。矛盾的是，放下了负担，我们对自己的生活有了更大的掌控。

原谅自己也同样重要。如果我们不能接受自己过去的错误，那么现在的体验就会被羞耻感所影响——只看到自己不好的一面。这样的自我概念会破坏我们生命旅程中的乐趣，因为无休止的内疚、自我厌恶或自我谴责是没有乐趣的。羞耻感会耗尽我们充分回应他人需求时所需的能量。当我们关注着自己未愈合的伤口并被其削弱时，就很难对他人的需求保持敏感。我们可能会认为，不断地回顾错误能防止重犯，但在现实中，这种回顾往往会削弱我们生活得更好的能力。

宽恕不是以下任何一种：

纵容、开脱或以漫不经心的态度看待错误。事实上，在宽恕的时候，我们有责任提高自己，确保不会

再见，自卑

再犯。

彻底遗忘。实际上，我们要记住教训，但要释放痛苦的情绪。

对造成的损害轻描淡写。相反，认识到造成的损失有助于我们避免重蹈覆辙。

允许错误持续。我们无法控制他人的行为选择。但是，我们可以确保我们自己的行为改变。事实上，如果我们想要快乐，就必须尽最大努力确保我们是无害的。

与过错方和解或信任过错方。当他人是过错方的时候，如果这个人可能会再犯，那么和解就是不明智的。然而，与自己和解并恢复对自己的信任是自我宽恕之后的目标。

宽恕自己的基本步骤

孔子曰："知之为知之，不知为不知，是知也。"以下步骤可以帮助我们自我宽恕。

（1）承认你的行为对他人和自己造成的伤害。带着这个想法坐下来，以一种亲切、不带偏见的方式看待它。实事求是地分配过错责任。例如，某些性暴力案件的受害者可能会完全将问题归咎于自己，因为她认为自己太粗心了。更现实的观点是，犯罪者对犯罪负有责任，而不是受害者。

（2）尽可能作出补偿（道歉、归还被拿走的东西，等等）。

（3）运用你所了解的一切，尽你所能去体面、建设性地生活。这是所有人都能做到的。意识到未来仍然是未知的，有些错误可以被预判。

（4）和内疚做朋友。内疚是一种美好的情感，当我们犯错时，它会提醒我们，这样我们就可以与自己的良知和平相处。没有良知就没有道德。因此，我们可以真诚地接受内疚，就像我们对待所有其他情绪一样。在我们对内疚做出反应之后，它已经完成了它的工作，我们就可以释放它。海斯提醒我们，我们没有"用户手

册"，所以请礼貌地拒绝头脑的自责邀请，因为你不必为这份从未得到的"用户手册"中的内容而自责……你当时已经尽力了，而你现在知道得更多了。

（5）**判断行为，而不是核心价值**。记住，你是谁取决于核心价值，比你的某一个决定、错误的选择或错误的转变更重要。某一天或某一特定时期所做的一个糟糕的决定并不代表你的本质。一个错误的转变并不意味着我们不能纠正方向并回到正轨，也不意味着核心价值的丧失。错误的转变不会定义我们，也不会使我们的核心价值失效。它们只是表明了我们需要改进的地方。我们可以接受错误也是历史的一部分，然后在生活中继续前进。在宽恕自己的过程中，我们认识到自己有潜力去改变，并重新找回内心的善良。

（6）**愿意不断感受不完美**。正如我们所有人一样，不完美并不会否定我们的价值，也不会永远剥夺我们重新尝试的资格。生而为人一定会犯错。谴责自己的行为

200

是不仁慈的。如果我们跌跌撞撞地走上了一条自己珍视的道路，那么产生"你看，我知道我做不到"的想法只会是破坏性的。这不能代表你是谁，这只是你的一个想法。最好是接纳失望并认为："不完美的人走得跌跌撞撞，但还是可以站起来重新上路。"

（7）保持初学者的心态。 认为"我不好"是以一种消极、狭隘的方式将我们与过去绑在一起。而初学者心态让我们对"自己是谁"和"我们可能成为什么"保持开放。这种观点并不局限于我们过去所做的事情。相反，它激励我们以一种富有成效的方式重新投入生活。

（8）继续做好事。 反思你过去做过的好事，继续做这些事情。

（9）让犯错者脱钩。 据信，任何一个头脑正常的人都不会故意做一件伤人的事。做错事的人可能是痛苦的，或者不知道如何建设性地满足自己的需求。如果你

再见，自卑

已经尽了最大努力来纠正错误、纠正你的路线，这样你就不太可能再犯了，那就让自己摆脱困境吧。

做自己的好父母

有些人对自己过于宽容，随意看待极其有害的行为，但人（也许包括你，因为你选择了读这本书）又对自己太苛刻。但无论我们的背景如何，都可以学会成为自己的好父母。要做到这一点，一种方法是当我们为过去发生的事情感到痛苦时，学会如何照顾自己。想想父母在心爱的女儿因过去的错误而感到难过时的内心对话。

问：她为什么要那么做？

答：因为人无完人。

问：她应该被原谅吗？

答：不，她犯了错。

问：她应该受到惩罚吗？

答：是的，如果要伸张正义的话。

问：我是否完全相信她是完美的且再也不犯错误了？

答：不，但我了解她，我很肯定她会尽量避免犯这样的错。

问：你想让她因为犯了错继续受苦吗？

答：不。

问：为什么不呢？

答：因为我爱她，希望她进步、快乐。挥之不去的罪恶感只会拖她的后腿。

问：那么最好的办法是什么呢？

答：我不会谴责她，也不会纠结于她的错误，我会重新接纳她，让她自由地学习和成长。总之，我原谅她。

现在将这段对话从头再来一遍。只是这一次，适时地用"我"和"自己"来代替"她"。

再见，自卑

罪恶感和自毁的自负

某种弄巧成拙的自负会让我们产生负罪感。以下是自我挫败的自负想法以及对其的反驳。

"其他人也做同样的事，但我应该做得更好且应该知道得更清楚。"

你为什么应该知道得更清楚？你是不是希望自己比现在更完美？也许你可以接纳自身的不完美，就和其他人一样；也许你可以停止评判和谴责自己，转而专注于提高自己的技能或行为；也许你可以停止拿自己和别人作比较，只关注眼前正在选择和做的事情。让自负和评判在爱的仁慈中消解。

"如果我足够努力，就会变得完美，且符合我的理想形象。"

如果你非常努力，可能会无限接近自己潜力的极限，但你总是达不到完美。这就是凡人。放下羞耻感，因为它会使我们认为："我不好，永远不会进步。"是的，一个错误意味着我们容易犯错。尽管如此，我们仍然有无限的价值和能力来克服自己的错误并转变方向。

"不能完美实现目标的人不配感觉良好，这样的人应该受到惩罚。"

同样，不完美的人是会犯错的，但这并不意味着这个人没有资格再次尝试并感觉良好。当我们正在努力以自己所知的最好方式做正确的事情，我们就可以从中得到满足。每个人都有缺点。我们可以学着用同情心来承受这种痛苦，而不是审判、惩罚和谴责。同情心是一种更强大的动力。

再见，自卑

宽恕是困难的

放下错误是很困难的，因为头脑中的解决问题倾向会想要解决并摆脱问题。这种方法非常适用于具体的外部问题，如车胎漏气；但通常不适用于处理内在世界的问题，如我们对过去事件的记忆。有时候，一个人必须先疗愈，然后才能放下影响我们内心的过往旧账，有些人觉得是上天的帮助促成了这一过程。那些有灵性倾向的人可能会在下面的故事中找到安慰，我称为"破碎的显微镜载玻片的寓言"。一个星期天，在缅因州的一个乡村小教堂里，牧师把孩子们召集到他周围，给他们讲了这样一个故事：

当我还是科罗拉多州的一名小学生时，我的老师说："课间休息前穿好你们的外套，你们不能中途回来拿外套。"我想，没问题，我不怕冷。然而，一到外面，我就觉得很冷。我不敢回到教室，但再想想，与其冻

206

坏，不如冒着惹老师生气的风险，我明显感觉要冷死了。所以我偷偷溜回了教室。回到挂外套的壁橱里，我抓起外套，把它拉了下来。和外套一起掉下来的还有一盒崭新的显微镜载玻片，摔得满地都是。我吓得赶紧跑出了教室。

　　回教室上课后，老师对我们说："一定有人知道是谁弄坏了那些载玻片。谁能告诉我是谁？"那天后来的时间里，我全程低着头，不作声。回到家，我感觉很糟糕，妈妈也发现我有些不对劲，但我什么也没说。最后，我忍不住把这件事情一股脑地告诉了妈妈。她说："没关系。只要把事情经过告诉老师，并提出赔偿载玻片的费用就好。"当时，我每周只有25美分的零用钱，我想等我付清赔款，都已经37岁了。但我还是走进教室，告诉老师："我实在是快冻僵了，才想去拿我的外套，我不是故意把载玻片弄坏的。之前不好意思把这些告诉您，但我会把我每周25美分的全部零花钱用来赔偿。"

再见，自卑

在那个时候，老师体贴地没有告诉我实情。他只是说："我发现只有两块载玻片摔坏了，所以你只要付50美分就足以弥补损失。"当时我正好攒了50美分，大大松了一口气。

这个故事的寓意是：上天是有爱和宽恕的。永远不要以为你做了坏事，上天不会原谅和爱你。当你犯错的时候，不要躲避上天，而要带着弱点求他帮助，才能感受到爱和怜悯的治愈。

认为上帝不会原谅犯错误的人的想法也只是一种想法而已。

练习：原谅自己

这项活动结合了前几章中介绍的正念和行动

技巧。请记住，尝试消除记忆通常不会很有效。相反，我们可以尝试正念方法，让回忆完全进入我们的意识，并以慈悲之心抱持它。

（1）找出一件已经过去但仍然困扰你的错误（决定、行为或失误）。

（2）列出由此产生的想法（如"我不好"和"这是一件愚蠢的事情"）。不要带着评判或情绪化地做这件事。无论你怎么想，有任何感觉都没关系。完全接纳你给自己和他人造成的痛苦。

（3）将每个想法简化为一个或两个描述相关感觉的词语。此过程可能如下所示：

想法	情绪
"我不好"	坏
"我对自己太失望了"	失望

再见，自卑

想法	情绪
"我害怕被人发现这些"	尴尬
"我失去了纯真"	羞愧
"我失去了自己的游戏精神"	麻木
"我伤害了别人"	悲伤
"我失去了家人对我的信任"	丧恸

（4）回想一下第3章中的"牛奶、牛奶、牛奶"练习。在这个练习中，你在脑海中深入体验牛奶的质感，然后以最快的速度大声重复念出"牛奶"这个词，持续45秒。在这样的过程中，人们通常会发现牛奶这个词所牵连的意义和感受消失了，仅仅变成了一种声音。现在，看第（3）步"想法"一栏中的第一个词语，并欢迎它进入你的意识，全然接纳并善意地感受它，以最快的速度大声重复念出

这个词，持续 45 秒。

（5）对其他感觉词重复此过程。不要评判情绪，也不要试图摆脱它们。

（6）当你完成了这个过程，让自己平静下来。带着一颗柔软而开放的心，与困扰你的记忆为伴，在博大、慈爱的智慧心中，共情地感受任何和它相关的情绪、思想或感觉。带着记忆呼吸，让它沉淀。

（7）当你准备好时，呼气并释放记忆，让有关记忆的意识在你呼气时消散。

（8）形成宽恕的意愿。在脑海中默念以下内容：

　　每一次我没有满足自己的期望，伤害了自己或他人，我都会给予宽恕。我寻求治愈，这样我就会对他人无害、快乐、有价值。

再见，自卑

愿我完整，愿我被原谅。我可以释放痛苦吗？愿我进步，愿我伤害过的人都能完整，也能快乐，愿他或她进步。

🔍 原谅他人

对他人过去犯下的罪行保持愤怒和痛苦是很有压力的。这种感觉掩盖了真实的自我。就像宽恕自己一样，宽恕他人让我们从沉重的负担中解脱出来，让我们更好地体验我们的核心价值。宽恕是为自己做的一件好事，也是为别人做的好事。有时，尽管并不总是如此，宽恕也会帮助罪犯改过自新。在1992年的洛杉矶种族骚乱中，雷金纳德·丹尼（Reginald Denny）被从他驾驶的卡车中拖出，遭到殴打，严重受伤。虽然

212

他很愤怒，但他解释说他真的不怪那个滋事者，并拥抱了他的父母。滋事者的母亲说，丹尼的反应解除了她儿子的愤怒。

虽然宽恕一个冒犯者可能不会改变那个人，但这是一种有力量的行为，它改变了宽恕者的经历。

练习：宽恕之烛

以下强大的策略可以帮助解决宽恕的困难过程。作者解释说，如果我们逃避经历，我们就不能培养同情心。试着每天至少花15分钟做这个练习。点燃一支蜡烛，然后舒适地坐在冥想者的位置（双脚平放在地板上，脊柱舒适地挺直，上身放松，双手放在膝盖上）。让你的眼睛只是看着蜡

再见，自卑

烛的火焰。

当你看着蜡烛火焰闪烁时，把注意力集中在呼吸时胸部和腹部的缓慢起伏上。就像海浪的自然涨落，你的呼吸也总是这般。留意它在你身体里的节奏，留意每一次呼吸。专注于每一次吸气……然后呼气。当你吸气和呼气时，留意腹部的知觉变化。一边这样呼吸，一边花几分钟来感受身体的感觉。

第一步：承认愤怒背后的错误和痛苦

现在，让自己的意识转移到最近一个令你愤怒的情境，看看你是否能充分回想这个场景的画面。发生了什么？还有谁在那里？当这个令你感到愤怒的场景在脑海中展开时，看着烛火。一边观察事态发展，一边专注于自己的呼吸。随着每一次缓慢的

214

呼吸，看看你是否能缓解愤怒的情况，就像播放电影慢动作一样。一边这样做，一边把你的注意力放在出现的任何痛苦感觉上。尽你所能，对自己的当前体验采取一种大方包容和温和接受的态度。看看你是否能为当时的痛苦和伤害留出空间，现在你可能正在释怀，试图软化它……当你吸气的时候……然后呼出……进进出出。不要试图对抗你所经历的，敞开心扉面对一切：受伤、痛苦、悲伤、悔恨、失落和怨恨。允许自己意识到更多受伤和痛苦的情绪（例如，任何恐惧、被抛弃、孤独、不足、被自己或他人贬低的感觉），并简单地承认你所体验到的伤害和你可能造成的伤害。不要责怪，简单地承认并意识到你的体验。

再见，自卑

第二步：将伤害行为与你的伤害及其根源区分开来

想象伤害你的人。当你开始在脑海中观察那个人时，让他们飘向蜡烛，成为蜡烛。把蜡烛当作伤害你的人，记住发生了什么。当你专注于蜡烛时，留意你的大脑，这个语言机器正在做什么，以及出现的感觉。你可能会看到自己的大脑在做出评判……责备……徘徊在悲伤中的感觉……苦味……怨恨。当这些和其他想法及感觉进入你的意识时，简单地给它们贴上标签——这就是评判……责备……紧张……怨恨——并允许他们这样做。当你吸气时，对你的痛苦和伤害产生一种温和而亲切的意识……然后呼出……再吸气，然后呼出……慢慢地、深深地。

　　下一步，在让你感到受伤和愤怒的行为和产生这些行为的人之间创造一些空间。你可以把伤害你的行为想象成火焰，把伤害你的人想象成烛台，如果这样有帮助的话。留意烛火和蜡烛的区别，烛火不是蜡烛。伤害你的人和伤害你的行为不是一回事。当你吸气和呼气时，给自己时间去体会这种区别。将每一种给你带来伤害的行为放入烛火，一个接一个，注意到它，给它贴上标签，然后留意过错行为和犯错者之间的区别。只想象发生的行为，而不想是谁做的。

　　然后，在你花了一些时间留意每一种行为后，让它们消失在热量中，只留下蜡烛的火焰。继续观察任何紧绷、不适、愤怒、伤害或任何身体里可能正在发生的事情。当你把注意力拉回身体和呼吸上

再见，自卑

时，要为自己的体验留出空间，不要试图改变或修复任何东西。

第三步：为你的伤痛带来富有同情心的见证

下一步，把你的注意力转回蜡烛所象征的人物身上，即那些对你犯下错误的人。注意他或她也是一个容易受到伤害的人，就像你一样。在人类的基本层面上，你们两个并没有什么不同。看看你是否能允许自己作为富有同情心的见证者来看待他或她——通过那个人的眼睛看看生活会是什么样子。与他或她的困难、损失、错过的机会、错误的选择、错误和失败、痛苦和悲伤、希望和梦想联系起来。

在不宽恕此人行为的情况下，看看你是否可以与他或她的人性和不完美建立联系，就像与你自己的人性和不完美、困难、损失、痛苦和苦难建立联系一样。作为对他人富有同情心的旁观者，看看自己是否能以另一个人的身份与那个人建立更深的联系。留意冒犯者的想法和感受，认识到你自己也经历过类似的想法和感受。处于那个冒犯你的人的生活中时，你会是什么感觉？尽你所能，对自己现在所经历的事情采取一种大方允许和温柔接纳的态度。

第四步：扩展宽恕的行为，放手，继续前进

现在看看你是否能意识到，如果你放下心中的所有负面能量——委屈、怨恨、痛苦和愤怒，你的生活会是什么样子？想想为什么你想要从愤怒和复仇的欲望中解脱出来。让自己想象另一个未来，充满了你因不给予宽恕而错过或放弃的东西。看看自

再见，自卑

己是否愿意在不忘记过去发生的事的情况下，看到自己的未来，也不必承受对伤害你的人怀有的痛苦、愤怒和怨恨。

允许自己在生活中勇敢地向前迈出一步，放下愤怒和怨恨。也许你能感觉到过去伤痛和未解愤怒的负担开始从你的肩膀上卸下。当你仿佛看见自己从背负了这么久的怨恨和痛苦中分离出来时，花点儿时间真正与这种解脱联系。允许它随着每一次呼气而飘散，并随着每一次呼气迎接安宁与宽恕。继续吸气……然后呼气，慢慢地、深深地。

当你准备好的时候，意识到自己也曾多么需要他人的原谅。想象一下，把这种宽恕扩展到伤害或冒犯你的人身上。你现在会对那个人说什么？当你思考这个问题时，请留意出现的任何不适，以及大脑是如何反应的。如果"这个人不配"的想法出现了，只要注意到这个想法，然后慢慢地让它过去。一边提醒自己仁慈和温和的宽恕行为是为了自己，而不是为了别人，一边把注意力转移到呼吸上。想象一下，当你选择给予宽恕时，你身上的重担被卸下了。让你自己与随之而来的治愈和控制的感觉联系起来。当你给予宽恕这份强大的礼物时，要注意一些萌芽中的柔软感受，而在此之前只有坚硬、伤害和痛苦。

当你的想象回到冒犯你的人的形象时，拥抱这一刻的平静。请缓缓伸出你的双手，说出："原谅你，我也原谅了我自己。当我放下对你的愤怒时，我给自己带来了平静。我邀请平静和同情进入自己的生活，进入我受到的伤害和痛苦。我选择放下这

个背负了这么久的包袱。"当你扩展宽恕的行为时，慢慢地重复这些短语。

当你扩展这种宽恕的行为时，无论出现了什么想法和感受，都要陪伴它们并简单地观察和标记。当怨恨的负重感逐渐消失时，你体会了到一种情感上的解脱。在给予同情和宽恕的这一刻，你是否能留意到内心的平静和力量？然后，当你准备好的时候，把意识带回自己所在的房间、带回身体、带回蜡烛火焰的闪烁中。通过吹灭蜡烛来完成这个练习，这是一种象征性的姿态，表明你对原谅和放手的承诺，以及你准备继续自己的生活。

有时候，我们执着于怨恨，以为它会保护我们不再受到伤害。如果放下怨恨很难，那就不加评判地接受这种困难。每一次尝试都是有益的。在宽恕之前，可能需要额外的疗愈。继续把共情的治愈作用扩展到自己的伤痛上。

心灵是真正的自我，而不是能用手指在纸上绘出的图画。

——西塞罗

第 10 章

展望

再见，自卑

乐观主义与自尊相关，它让我们期待满意的生活。生活满意度建立在情商技能（如治愈和照顾自己的情绪）、坚持做有用的事情、个人成长、培养意义和目标等基础上。本章将探讨与自尊和生活满意度相关的其他3个过程：人格发展、培养意义和目标以及困境预判。

🔍 人格发展：向我们可能成为的人敞开自己

当你拥有无条件的价值和无条件的爱作为安全基础时，人格发展就会变得令人愉悦。但是，在缺乏这些基础条件的情况下，为改善而做出的努力就会显得强求且无趣。因此，你最好在努力提升自我价值感和自爱之后，再学习本章中的技能。

我们认为人格发展是一个过程，因为它是持续的，永远不会完全完成。这个历程像是一次带着善意和顽皮心态的旅行。想想你认识的人——朋友、亲戚、邻居、孩子、同事或名人——身上令人愉快的方面。我们不会在一夜之间改变，也不想变得和别人一样，但我们可以相信自己，以一种独特的方式培养自己潜在的人格特质。

考虑下面列出的人们普遍重视的特质：

- 心怀感恩的
- 坚定、刚毅的
- 接受新的体验
- 惊奇感 / 喜悦感 / 敬畏感
- 灵活的（不强硬，适应性强，愿意变通）
- 文质彬彬的
- 热情的
- 友好的

- 有缺陷的（有人喜欢那些认为自己很完美的人吗？）
- 坚强的

- 顽皮的
- 温暖的
- 真诚的
- 适应各种情绪的
- 感恩的

- 客气的
- 与他人和谐相处的
- 勇敢（尽管有恐惧但仍坚持）的

- 尊重的

- 体贴的

再见，自卑

◉勤劳的

◉平静的

◉口齿伶俐的

◉有条理的

◉谦逊的

◉耐心的

◉泰然自若、优雅的

◉有趣的

◉独立、自我激励的

◉宽容的

◉安全、舒适的

◉自立的（不依赖他人）

◉鼓舞人心的

◉稳定的

◉有冒险精神的

◉善良的

◉机智的

◉乐观的（不会停留在消极方面）

◉好奇的

你还能想到更多其他特质作为补充吗？如果只是为了好玩，你会选择哪 5 种性格特征来培养？请把它们圈出来。然后在你的生活中培养这些特质。你可能会不时地思考，如果这些特质得到更充分的发展，你的生活会有什么不同。例如，如果你想培养礼貌的特质，你可能会思考说谢谢、让司机走在你前面、为别人做好事或对售货员微笑，这样做会让你和其他人感觉如何？奇妙的是，即使我们的身体在衰退，人格成长也能继续。

培养意义和目标

自尊与一个人的生命意义和目标感高度相关。著名的集中营幸存者维克多·弗兰克尔观察到，知道自己的生命有意义和目标，会赋予人们一种平静的内在力量，使人们能够忍受巨大的痛苦。弗兰克尔解释说，集中营使一些人堕落，但另一些人却在品格和无私服务方面达到了更高的境界。幸存者的自豪感，是那些经历过巨大痛苦的坚韧的人所感受到的，包括：①发现自己拥有比逆境更强大的内在力量；②知道自己的生活仍然有意义和目标。意义和目标来自发现和发展个性及人格优势。它们也来自利用这些力量来造福他人，亚里士多德将其

再见，自卑

描述为一条通往幸福的道路。

研究表明，主要以物质方式定义成功会导致心理调节能力较差。然而，跨文化的一个共同主题是，那些为他人着想并致力于改善世界的人会发现更大的幸福并认可自己的核心价值。很早就明白这一点的人是幸运的。在日本文化中，"Kigatsuku"是一种内在精神，它帮助我们看到他人的需要，并在没有被告知的情况下提供帮助。天才教师冈崎千惠子说，小时候她的母亲会说："我要找一个 Kigatsuku 女孩帮我洗碗。"很快，千惠子就学会了观察别人需要什么，然后在没有被请求的情况下主动提供帮助。如今，她四处旅行，服务公众，她会捡走公共浴室里的垃圾，因为她感到能使用公共浴室是幸运的，并解释说帮助别人是所有人的工作。

我们怎样才能让世界变得更美好？方法有很多。当有人问特蕾莎修女可以怎么帮助她时，她只是说："你可以自己看一看。"我们可以简单地观察当下的需求是什么，并尽力去做。这可能意味着提供行为上的帮助（如提供清洁服务或顺风车），或者给予微笑、倾听或鼓励。可以向家人、朋友、同事或陌生人提供简单的帮助。抑或，如果我们有办法，可能会把时间或金钱贡献给有价值的事业（救济厨房、反对酒驾的妈妈团体、人道家园或政治运动）。此外，你还可以把你的工作看作一种贡献的方式。例如，一个看门人可能认为他的工作仅仅是清扫垃圾。

另一种观点可能认为它创造了一种有助于教育者教学和儿童学习的环境。另一种让世界变得更好的方法是为了他人而美化或改善我们的环境。这可能涉及艺术表达（如绘画或诗歌）、发明、装饰你的家或工作场所、在人行道上捡垃圾。此外，你可以想一想站在另一个人的立场上会是什么样子，看看你的行为会如何影响那个人。普兰特提醒我们，酒店客房清洁工清理别人的烂摊

再见，自卑

子，很容易被客人忽视。也许她会很乐意从她打扫的房间客人那里得到一个简单的问候。售货员在与苛刻的顾客打交道一整天后可能会很累，一个同情的微笑或一句感谢她的服务的话可能会起到很大的作用。

海斯提醒我们，我们都背负着重担——也许是记忆、部分愈合的伤口、担忧、自我怀疑或恐惧。你可以把它们看作你在生活中驾驶的公共汽车上的乘客，而不是试图忽视、否认或隐藏这些。你同情地承认他们在车上，但不必听从他们每一个停车、绕道或接管驾驶的要求。通过这种方式，我们可以在生活中有目的地前进，即使有这些不完美。记住，你是在开车，而不是在被车拖着走。选择舒适的步伐。你不能什么都做，也不能一次做完。但你可以体验到完成了力所能及之事的安全感和满足感。

对于一个正直、善良的人来说，最大的满足莫过于知道自己把最大的精力都投入对美好事业的奉献中。

——阿尔伯特·爱因斯坦

❤ 困境预判

我们已经探索了许多建立自尊的有用技巧。就像学习演奏乐器或运动一样，我们通过练习来提高我们的技能。这些技能可以减轻生活困境的打击，有助于在逆境中保持自尊。

最后一项技能是困境预判，它将使你能够预测并制订计划，以应对可能威胁你自尊的困难局面。这就是训练有素的运动员、战士、消防队员和其他能预见压力情境的个体所做的准备——他们会预演在遇到令人痛苦或具有挑战性的事件之前、期间和之后，自己会怎么想和怎么做。关键是，如果我们做好了准备，就不太可能被困难的局面难倒。

再见，自卑

练习：接种压力疫苗

（1）找出可能损害你自尊的困境。这可能是你在一项重要任务上表现不佳、未能实现重要的个人目标，或者遇到可能导致拒绝、虐待或批评的情况。

（2）在所有可能有助于应对这种困难情境的语句前面打钩。

情境之前

□这可能是困难和具有挑战性的。我会深吸一口气，尽我所能。

□如果我保持冷静，尽我所能，我很有可能会做得很好。

□无论发生什么，我都是一个有价值的人。

□没有人是完美的。放松，做你能做的。

□这是一个锻炼自己的机会。我认为这是一个机会。

□我不害怕冒险和失败，因为我知道我的价值来自内心，而不是我的表现。

□成功会很有趣，但如果我不成功，也不会是世界末日。

□即使我没有达到目标，我也会获得有用的经验。

□我会专注于做我能做的事情，而不是担心事情的结果。

□我的目标是将工作做得出色，而不是十全十美。

□我和其他人一样有权利去尝试。

□我会感到满意，因为我尽了最大的努力，不会太担心结果。

□我会冷静地评估事情，然后尽我所能地处理

再见，自卑

它。这就是所有人对一个人的要求。

其他声明：_____

情境期间

□保持冷静，专注于任务。（忧虑使我们无法完成任务。）

□很容易做到——一次一步。

□感到恐惧、紧张和沮丧是很正常的，有任何感觉都没问题。

□事情没有变得更完美，这很糟糕，但这并不是一场灾难。

□有时候生活就是这样，继续工作。

□我承认这是一个困难的局面。

□无论发生什么，我在里面都会很好。

□事情不一定要完美。

□别忘了欢笑。我也许并不完美，但我知道我的内心仍然很酷。

其他陈述：_____

情境之后

①如果事情进展顺利：

□我做得很好，很顺利。

□我尽了最大努力，对结果感到满意。

□应对挑战并取得好成绩是一件很有趣的事情。

其他陈述：_____

②如果事情进展不顺利：

□我在这方面是初学者，下次我会尝试不同的方法。

□这确实是一个困难的局面。

□顺其自然。

□每个人都会犯错。

□最终我会设法在这方面取得成功。

再见，自卑

☐尽管我很失望，但我仍然是一个有价值的人。

☐不管结果如何，我有权从中吸取教训，再试一次。

☐尽管我的技能不足以完成这项任务，但作为一个人，我是有价值的。

☐好了，现在怎么办？我现在能做的最有用的事情是什么？

☐这也会过去的。

☐知道我尽了最大努力，我感到很满足。

☐好吧，我今天没有做得像之前想象得那么好。

☐或许休整一下，再多加练习，我就会提高。

☐即使人们对我的评价很苛刻，我也能善意地看待这种情况。

☐因为这种失望，我会特别理解自己。

□跌倒不是永久的。

□只要活着就有希望。

□多年以后,这真的还重要吗?

其他陈述:_____

（3）从以上各组中选出几句你最喜欢的陈述,写下来。

（4）如果你已经阅读了前面的章节,请借此机会回顾一下,以确定对你最有用的原则和技能。然后列出在遇到困难情境之前、期间和之后要做的事情。例如,在面对这种情境之前,你可能希望通过练习并进行身体扫描冷静下来,使用能掌握和胜任的意象来建立信心。在困难情境下,你可能会希望进行身体放松、正念呼吸以保持平静,来执行预先计划使用的策略。之后,你可以使用日常思维记录

再见，自卑

和化解技巧，以及认知预演、微笑冥想、与情绪为伴、正念镜子和宽恕技巧。（如果你尚未阅读前几章，请在阅读后返回此步骤。）

（5）在面对困难的情境之前、期间和之后，在心中预演自己将做什么、说什么，直到对自己应对这种状况的能力有相当的信心。你可以通过这种方式为应对任何困难情境做好准备。

前路虽狭窄崎岖，爱与信念能使你继续前行。

——亨利·大卫·梭罗

致谢

—

在本书中，我力图撷取东西方心理学的精华。我要衷心感谢亚伦·贝克（Aaron Beck）博士和阿尔伯特·埃利斯（Albert Ellis）博士的开拓性工作，是他们开发了根除破坏性思维模式的系统方法。同时感谢乔·卡巴金（Jon Kabat-Zinn）博士开发了基于正念的减压疗法，使我们可以将正念冥想应用于解决各种身心健康问题。津德尔·西格尔（Zindel Segal）、马克·威廉姆斯（Mark Williams）、约翰·麦奎德（John McQuaid）和宝拉·卡蒙拉（Paula Carmona），将正念练习和认知重组结合在一起治疗抑郁症，而杰弗里·布兰特里（Jeffrey Brantley）博士将正念用于治疗焦虑。我还要感谢史蒂文·C.海斯（Steven Hayes）博士，

241

再见，自卑

他创立的接纳承诺疗法正是东西方文化的巧妙融合，对本书大有助益。

我非常感谢美国马里兰大学的各级学生多年来勤奋、热切地尝试本书中的方法，从而帮助我更好地理解如何有效地教授这些实践。

最后，我要感谢勤奋的出版人，特别是特西利亚·哈诺尔（Tesilya Hanauer）、希瑟·米切纳（Heather Mitchener）、凯伦·奥唐纳·斯坦（Karen O'Donnell Stein），他们深入细致的工作使得我的想法得以成书。还有特雷西·卡尔森（Tracy Carlson），他巧妙地以视觉形式呈现了我的语言。